世界天坑之都

SHIJIE TIANKENG ZHI DU

摄影： 李 晋 **撰稿：** 常弼宇

Photographer：Li Jin

Author：Chang Biyu

Artron Books
雅昌艺术图书

广西民族出版社
Guangxi Nationalities Publishing House

图书在版编目（CIP）数据

世界天坑之都 / 李晋摄影；常弼宇撰写. —南宁：广西民族出版社，2020.1

ISBN 978-7-5363-7328-0

Ⅰ.①世… Ⅱ.①李… ②常… Ⅲ.①岩溶地貌—介绍—乐业县 Ⅳ.①P642.252.267.4

中国版本图书馆CIP数据核字（2019）第248769号

SHIJIE TIANKENG ZHI DU

世界天坑之都

出 版 人：石朝雄
总 策 划：李元君 朱俊杰
总 监 制：李元君
学术顾问：朱学稳 黄保健 戴小华 任明迅
摄　　影：李 晋
撰　　稿：常弼宇
责任编辑：徐 美 罗桂鸾 吴柏强
助理编辑：陆秀春
责任校对：郑季銮
美术编辑：张觉民
特约编辑：王光灿
装帧设计：刘 远
特约图片编辑：梁汉昌
特约校对：黄文魁 黄孜轶
责任印制：刘文峰
出版发行：广西民族出版社
地址：广西南宁市青秀区桂春路3号　邮编：530028
电话：0771-5523216　传真：0771-5523225
电子邮箱：bws@gxmzbook.com
印　　刷：雅昌文化（集团）有限公司
开　　本：787 mm × 1092 mm 1/16
印　　张：15.75
字　　数：365千字
审 图 号：桂S（2019）174号
版　　次：2020年1月第1版
印　　次：2020年1月第1次印刷
定　　价：128.00元

◆ 2008 年 11 月，朱学稳教授（左二）带领中国南方喀斯特考察组在乐业大石围天坑考察

序

朱学稳
2017年3月26日
岁在八十有四

2017年 3月23日，黄保健同志转来由李晋摄影、常弼宇撰稿的《世界天坑之都》艺术大书书稿，并转达出版者的嘱托，请我为之作序，我欣然应允。三天以来，我翻阅书稿，思绪万千。因为这正是我在大概二十多年前的“天坑年代”所熟悉的画面和生活经历的再现。

什么是我的“天坑年代”的印象和记忆呢？

首先，1992年至2008年，我所领导的中国地质科学院岩溶地质研究所岩溶与洞穴科学小组，在组织中外联合洞穴探险，天坑发现、天坑命名，组织多国科学家联合考察天坑，出版《天坑专集》和洞穴与天坑旅游开发规划等各项工作与活动中卓有成效，令人记忆深刻。

“天坑”是岩溶现象中一种在科学上未被研究（未发现）过的极端形态［如《地球科学大辞典·应用学科卷》（2005年11月版）我申报的名词条目“天坑”一词，见第289页］。在20世纪80年代的全国水文地质普查中未见任何有关的地质记录（如小寨天坑）作为“从未发现过”

的证明。在“天坑年代”，天坑发现的主要记录有：1994年7月发现的重庆奉节小寨天坑（最主要的科学发现）；2000年6月发现的广西乐业大石围天坑群（由20多个天坑组成的天坑群的爆炸性影响）；2001年3月发现的重庆武隆后坪天坑群（其他地区已发现的天坑均为塌陷型，而后坪天坑群为首次发现的侵蚀型天坑）；2002年12月发现的广西巴马好龙、交乐天坑等。经统计，桂、滇、黔等地共发现的天坑有50余处。令人兴奋的是，近年来在陕西汉中地区也发现了天坑群，使主要发现于长江以南的天坑分布，扩展到了北纬33°以北。

“天坑”作为一项科学发现，有意义的工作便是明确其科学含义及定义。为此，2001年10月，我在中国科学技术协会主办的杂志《科技导报》上发表的论文《中国的喀斯特天坑及其科学与旅游价值》，对天坑的含义做了科学解释：四围岩壁峭立（而不是任何形式的缓坡，且不包括后生改造），深度与平面宽度均不小于50米的地表陷坑（主要形成于喀斯特或石灰岩层——碳酸盐岩中）。论文还对天坑、漏斗、竖井三者的形态、规模、分布规律、形成的动力机制等进行了深入的对比与鉴别。为了便于国际交流，“天坑”一词同时以“Tiankeng”或“Karst tiankeng”向国外推出。目前，这一研究成果已被国际学术界所接受，并产生了广泛的国际影响。

其次，在“天坑年代”期间，中国地质学会洞穴研究会和一些国内外洞穴组织共开展了十几次中外联合探险活动，完成了数千千米洞穴管道的测量，还在国内掀起了洞穴、天坑和地下河的旅游开发规划热潮。乐业大石围天坑风景名胜区，成为世界旅游业一朵艳丽夺目的奇葩。

到目前为止，大石围天坑群发现的天坑共有29处。它们分布于面积约为835平方千米的百朗地下河流域，并相会于一个叫花坪的“S”形地质背斜构造范围内，其中22处集中分布于20平方千米的区域中。天坑群中以大石围天坑规模最大，直径600米，深613米，居全国第二。天坑因各具形态、结构、组合、生态等特征而呈现出多样功能。如大石围、白洞、穿洞、黄猄洞、达记、大曹、冒气洞等适宜观光科考，大石围、大曹、冒气洞还适宜洞穴、地下河探险。另一些天坑与复杂的洞穴通道和大厅相连接，由稀有珍贵的洞穴钟乳石生成，较宜进行旅游开发。总之，大石围天坑群所在地，实系一处尚待人们深入探究的宝地。

特别值得指出的是，本书的摄影师李晋先生也是"天坑年代"的一位传奇人物。他本是广西百色市乐业县政府的一名宣传干事。在"天坑年代"期间，他利用手中的相机拍下了许多有分量的作品，经常在《中国国家地理》等重要杂志上发表，并成为《中国国家地理》签约摄影师。特别是他在乐业组织有担当的年轻人参加的"飞猫探险队"，出色地进行卓有成效的活动，多次受到当地政府的表彰。我的团队在乐业县进行天坑群资源调查与开发规划期间，得到了"飞猫探险队"的大力协助，借此机会再次表达我们对"飞猫探险队"以及李晋本人深深的谢意。另外，我还要对在大石围天坑早期探测活动中，遭遇地下河湍流而溺水牺牲的探险队员——乐业县武警中队司务长覃礼广同志表示最深沉的悼念与最崇高的敬意。家乡（我的第二故乡）的大发展、"世界天坑之都"的旧貌换新颜，足以慰藉故人。

人类对自然的探索永无止境，天坑也在人们不断的研究和揭秘中走向更为广大的世界。这部艺术图书用精彩的摄影作品和精当简略的文字，以前所未有的规格和印刷艺术，试图立体性地展示乐业大石围天坑群的全貌，以飨读者，是值得欣慰的事情。

以此"天坑年代"唤起的"难以忘却的怀念"为序。

目录
Contents

一 大自然的力量——天坑

Part 1 P001-012

在中国的西南地区，密布着全世界最广大的喀斯特（岩溶）地貌，峰丛、峰林、溶洞、峡谷、漏斗、天坑等，不一而足，共同点缀这片莽莽群山。桂林山水、云南石林、张家界黄龙洞等都是喀斯特大家族里具有世界明星级别的代表景观。从20世纪末开始，随着人类对喀斯特地形研究的逐步深入，天坑——这种极具视觉冲击力和观赏性、拥有巨大体量和陡峭岩壁的喀斯特地貌景观，逐渐进入世人的视野。

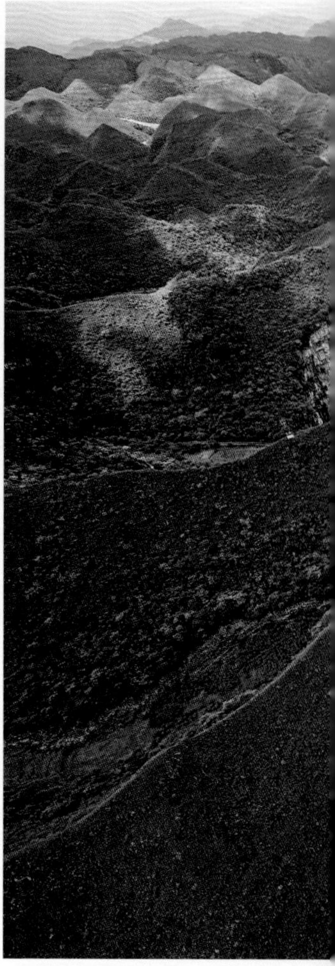

天坑这种地质现象，无一例外，总是产生在偏远的群峰林立的深山（地质学叫作峰丛喀斯特地带的地方），远离人类聚居的平原和大江大河两岸，而且与地下河系统有着密不可分的关系。地下河常常出现于峰丛喀斯特地带。天坑按其成因可分为塌陷型天坑和侵蚀型天坑两种。在喀斯特地区，石灰岩等碳酸盐类岩石最容易发生岩溶现象。如果地质条件和气候条件具备，在地下河流水的不断溶蚀、侵蚀和重力崩塌等各种地质作用下，就会形成巨大的空洞，形成地下大厅。经过岁月的洗礼，地下形成的空洞垮塌，地表便形成了坑洞。当一个区域的坑洞具有一定规模，形态特征符合科学定义，便被称为“天坑”。“天坑”这个名词最早来自被国外同行称为“天坑之父”的朱学稳先生的一篇论文。朱先生任职于设在桂林的中国地质科学院岩溶地质研究所。他建议在学术上把此前归入“塌陷漏斗”的天坑现象统一用“天坑”来描述，并且对天坑给出了明确的定义——“天坑是可充分显示其名称特色的一种喀斯特景观，具有巨大的容积、陡峭而圈闭的岩壁、深陷的井状或桶状轮廓等非凡的空间与形态特征，是从地下通向地面、平面宽度和深度不小于100米、底部与地下河连接的一种特大喀斯特

◆ 从空中俯瞰大石围天坑群，可见苏家天坑、罗家天坑、大石围天坑

负地形”。2005年后，“天坑”这一由中国科学家定义的术语获得了国际喀斯特学术界的一致认可，“Tiankeng”一词从此通行国际。借助科学家的严谨定义，我们可以大略知道天坑形成的原因与其基本形态。

截至2016年，全世界已发现并确认的天坑有230多个，其中约有180个在中国。全球11个大天坑中，中国占了10个，而且全球已发现天坑中的5个超级天坑（重庆奉节小寨天坑、广西乐业大石围天坑和巴马好龙天坑、贵

◆ 天坑形成过程示意图

州平塘打岱河天坑和大槽子天坑）均在中国。中国的天坑主要分布在广西的北部和西部、贵州的南部和北部、长江三峡两岸（主要是重庆和湖北）、四川的东南部、湖南的西部，以及云南的东南部、南部和东北部等地区。从目前的科考成果来看，中国毫无疑问地成为世界上天坑规模最大和最为密集、分布面积最广的国家。特别是在2001年发现的广西乐业大石围天坑群，集险、奇、峻、雄、秀、美于一体，是世界上罕见的自然奇观，被誉为“天坑博物馆”，而广西乐业也从此得享“世界天坑之都”的美誉。

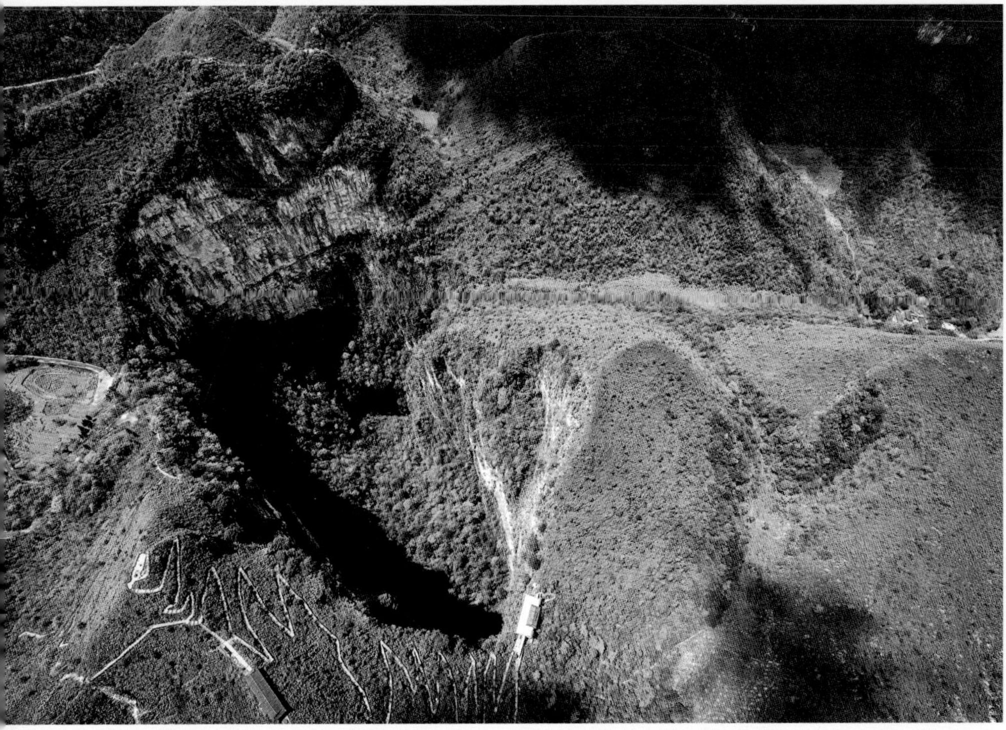

◆ 从空中俯瞰大石围天坑，陡峭的三面绝壁和坑底的原始森林都清晰可见

◆ 乐业县境内密布的峰丛，不仅是蕴育天坑的最佳环境，
而且会带来如云海仙山一样的绝妙景观

◆ 日出、云海、光影、彩霞，还有远远近近、只露出锥状山顶的喀斯特峰丛，构成了一幅壮美的图画

◆ 经年累月的雨水，将峰丛山间裸露的石灰岩表面溶蚀出一条条疏密不一的沟壑

Part 2 P013-034

二 世界天坑之都——乐业

看看以下数据，我们就能直观地理解，为什么乐业被称为『世界天坑之都』。

全球目前共发现230多个天坑，超过一半在中国。而乐业大石围天坑群分布在方圆60平方千米的面积内，拥有29个大型天坑，其中22个集中分布于20平方千米的区域中，其分布密度和体积规模在全世界首屈一指。在全世界13个超大型天坑中，分布在乐业的就有7个。并且，大石围天坑群还拥有洼地、漏斗、竖井、洞穴、地下河系统等完整的喀斯特形态序列，这些形态交相辉映，共同烘托出大石围天坑群这个耀眼和震撼的自然奇观。因此，『世界天坑之都』这一美誉乐业当之无愧。

从天坑的产生条件上看，乐业也是得天独厚的：乐业位于广西西北部，地处云贵高原向广西盆地过渡的斜坡地带；县辖区内40%区域为喀斯特地貌，具有一系列丰富而完整的如峰丛、峰林、坡立谷、洞穴、竖井、地下河、天坑等喀斯特地貌形态；大石围天坑群集中分布在县城西部的高峰丛深洼地喀斯特区域，发育于“S”形的地质构造中；乐业雨量充沛，年均降水量1200毫米；在地表之下发育的百朗地下河水系，在充沛降水的不断补给下，为天坑发育提供了动力之源。

天坑这个地处偏远、无人知晓的神秘奇观，在20世纪末逐渐被揭开了神秘的面纱。从1995年开始一系列的探险考察与拍摄活动，范围从大石围天坑逐步扩大到整个大石围天坑群，揭开了天坑群长期封闭的自然状态，从科学和文化层面研究这个世界罕见的地质奇观，取得了大石围天坑群形成和演化研究的批量成果，并且不断用新的发现展示大石围天坑群的文化魅力。

广西乐业大石围天坑群终于结束了野生野长、无人欣赏的历史，“世界天坑之都”也进入了当代科考探险与大自然旅游的审美视野，为正在努力推进生态文明建设的今日中国不断增添新的故事和色彩。

乐业县在广西的地理位置

图　例

◎ 自治区行政中心　—·—· 国　界
⊙ 设区市行政中心　—··— 自治区(省)界
● 乐业县　—— 设区市界

注：1. 本图上中国国界线系按照中国地图出版社1989年出版的1：400万《中华人民共和国地形图》绘制。
2. 图上境界不作划界依据。

审图号：桂S（2019）174号

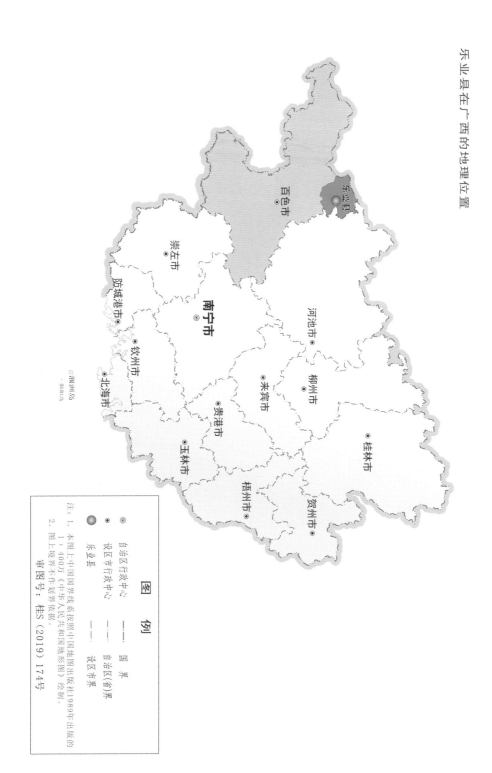

◆ 大石围天坑群航拍，图中可见大石围天坑、苏家天坑、罗家天坑

大石围天坑群示意图

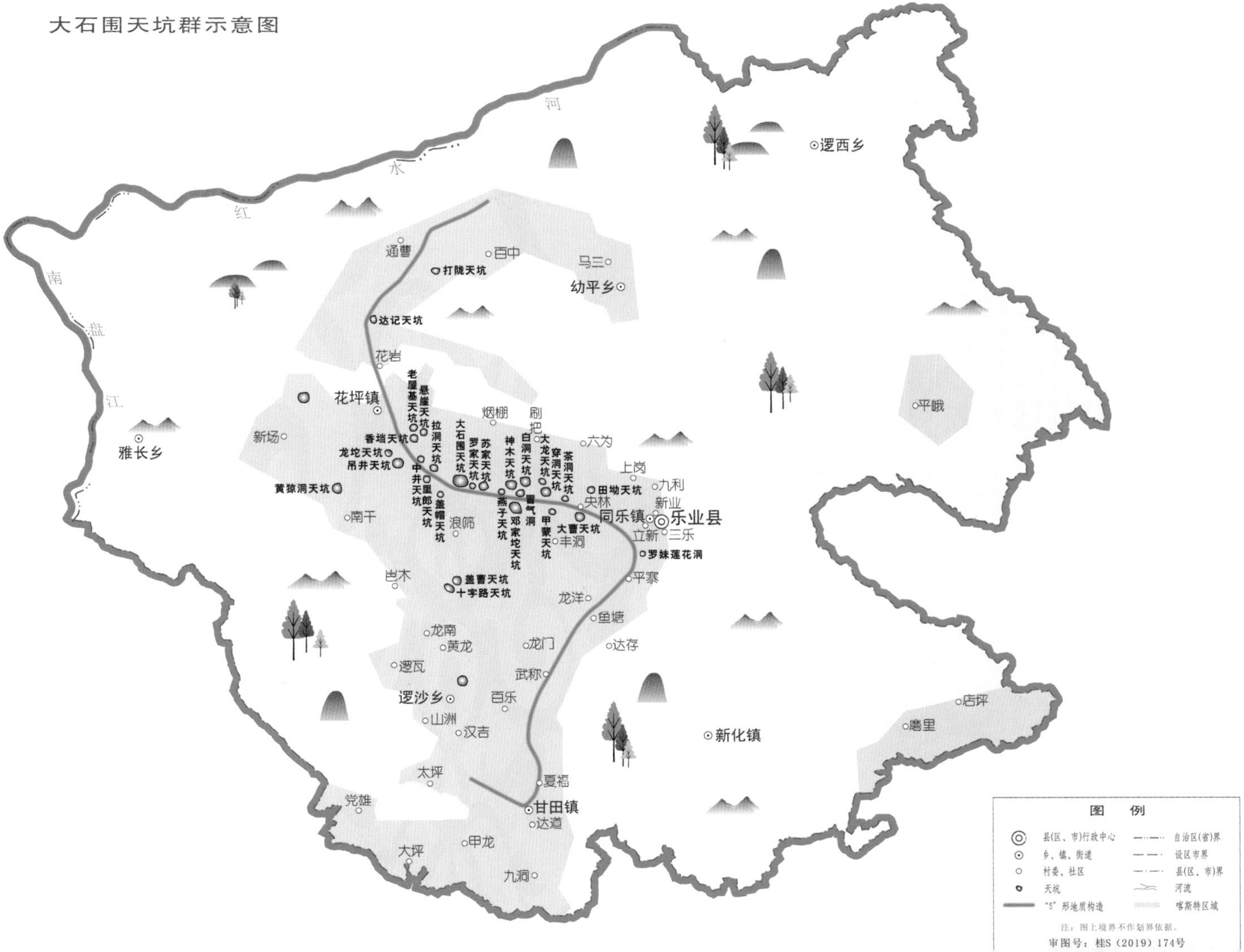
南
盘
江
红
水
河
逻西乡
通曹
百中
打陇天坑
马三
幼平乡
达记天坑
花岩
雅长乡
花坪镇
新场
老屋基天坑
悬崖天坑
拉洞天坑
香垱天坑
龙坨天坑
吊井天坑
黄猄洞天坑
中井天坑
里郎天坑
盖帽天坑
大石围天坑
罗家天坑
苏家天坑
烟棚
刷把
神木天坑
白洞天坑
大龙天坑
穿洞天坑
茶洞天坑
六为
上岗
九利
田坳天坑
央林
新业
同乐镇
乐业县
三乐
立新
燕子天坑
邓家坨天坑
冒气洞
甲蒙天坑
大曹天坑
丰洞
南干
浪笳
罗妹莲花洞
平寨
平峨
岜木
盖曹天坑
十字路天坑
龙洋
鱼塘
达存
龙南
黄龙
龙门
逻瓦
武称
逻沙乡
百乐
山洲
汉吉
新化镇
店坪
磨里
太坪
夏福
党雄
甘田镇
达道
甲龙
大坪
九洞
图例
县(区、市)行政中心
乡、镇、街道
村委、社区
天坑
"S"形地质构造
自治区(省)界
设区市界
县(区、市)界
河流
喀斯特区域
注：图上境界不作划界依据。
审图号：桂S（2019）174号

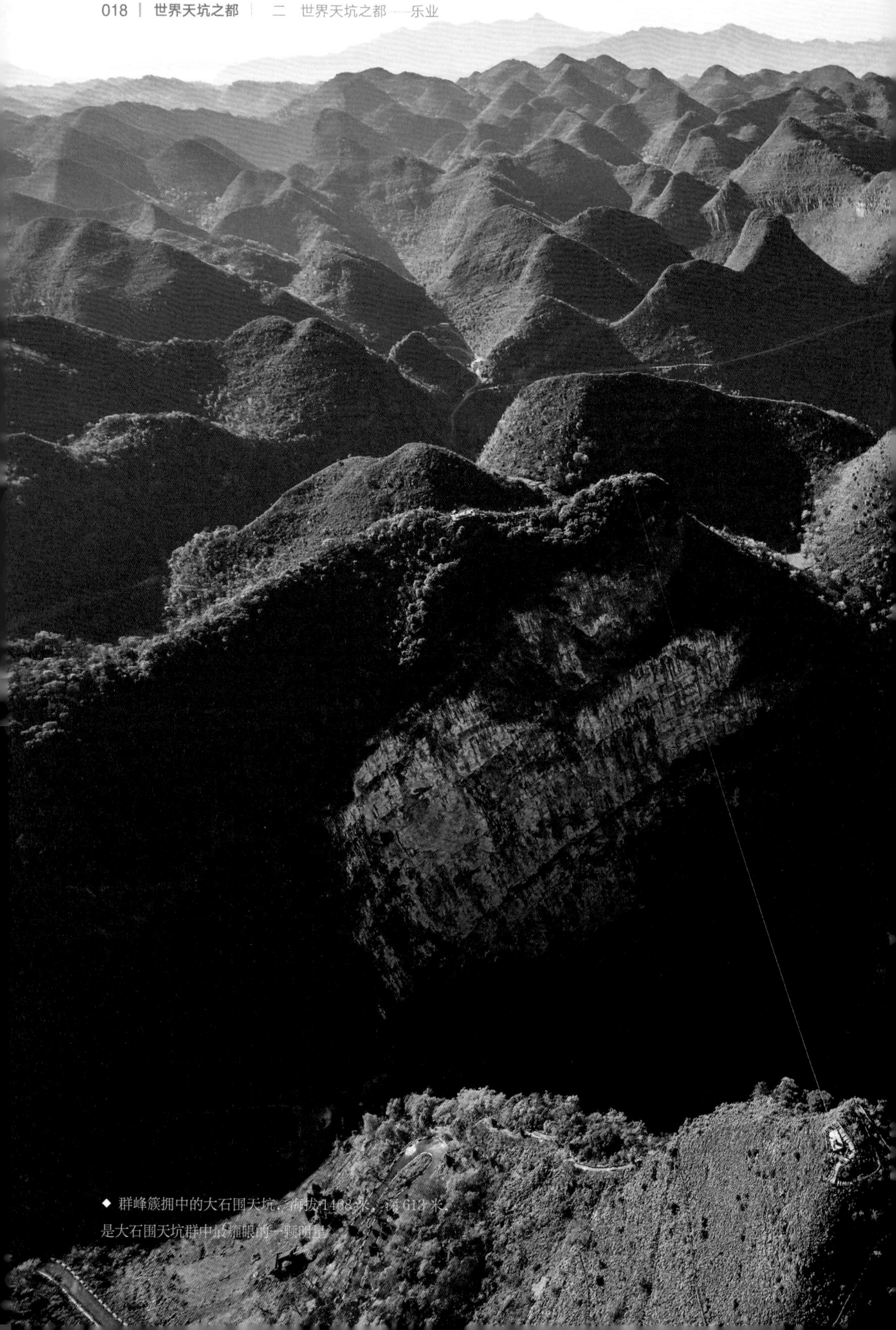

◆ 群峰簇拥中的大石围天坑，海拔1468米，深613米，是大石围天坑群中最耀眼的一颗明星。

◆ 宽广的坡立谷，既是喀斯特地区地下河流力量的见证，又是哺育天坑坑畔人家的沃土

◆ 昔日的地下河通道，随着地壳抬升离开地下水位成为旱洞，雨水通过洞穴上方的岩石裂隙渗入洞腔并逐渐结晶析出碳酸钙，形成各种形态的钟乳石景观

◆ 拥有世界上最大连花盆的罗妹洞，数量丰富的莲花盆和穴珠由洞顶滴水、洞底流水与池水协同沉积而形成

◆ 站在大曹天坑的“红玫瑰大厅”仰望，洞顶、洞壁岩层由于崩塌而扩大了洞穴空间，并在洞底形成崩塌堆积。巨大的体量衬托出人的渺小，盘旋而上的结构仿佛海螺壳的内部纹路

◆ 只有在地下河处于枯水期的时候，探险队员才有可能溯险而来，得以一睹其真容

◆ 在百朗地下河下游出口，雨季时洪水通过侧向天窗奔涌而出

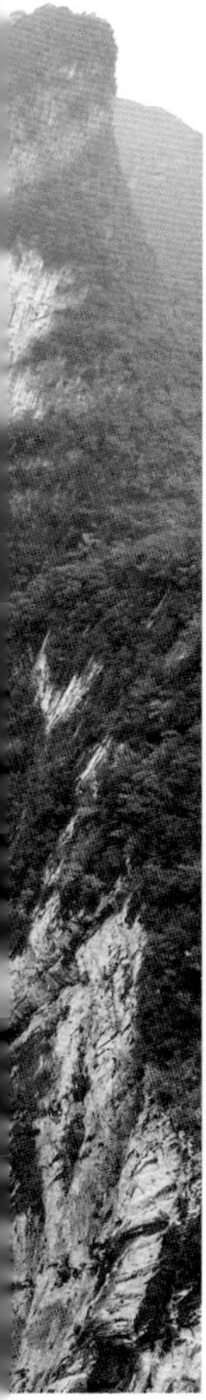

◆ 在天坑中出生入死、上天入地的“飞猫探险队”队员

三 乐业大石围天坑群

Part 3 P035-110

乐业大石围天坑群集中分布在百朗地下河系中游段约20平方千米的范围内，与周围的洞穴、竖井和地下河构成一个完整的岩溶水文地貌系统。它们像一个大家族，兄弟姊妹长得很相像，但也有各自的『脾气』。地球上没有两个完全相同的天坑。虽然它们的地表面孔相似，但地下洞穴与洞穴奇观形态各异。

综合当前的科考与研究成果，中国的天坑在地表各类喀斯特地貌形态中，属于“最年轻”的一员。但对于乐业大石围天坑群的形成年代，研究者们至今仍未达成共识。有人认为大石围天坑群形成于早至6500万年前，即白垩纪末；也有学者认为其最早形成年代晚至约2万至3万年前。不管如何，天坑的起源对于我们来说仍然是神秘的，等待着人类更深入的探究和解谜。

乐业大石围天坑群典型的结构特征是地表地貌和地下洞穴构造。这两类地质现象构成了大石围天坑群奇观。由此我们可以想象，在雨水丰沛的乐业，大量的降雨为地下河补充了水，地下河水充沛，水流湍急。水流在地表下昼夜运行，对石灰岩进行渗透切割，进行着此消彼长的物质运动。几千万年弹指一挥间，大自然的鬼斧神工让人惊叹。如今与之相连的地下洞穴，都是这种自然力量的产物。我们今天

◆ 鸟瞰大石围天坑及其周边岩溶地貌

目光所及，貌似流水与岩石之间的运动已经相对静止，但从本质上说，由于地下水活动依旧，仍然继续开拓洞穴通道，理论上仍存在孕育新天坑的可能，但地下河已经停止对现有天坑的作用。现有天坑只是受地表雨水的侵蚀，接受风化作用的改造，边壁局部崩塌，地表渐渐蚀低，变成边壁平缓、深度降低的天坑。

直至今日，虽然科考与探险已经探明和解释了一些现象和关系，但是大石围天坑群

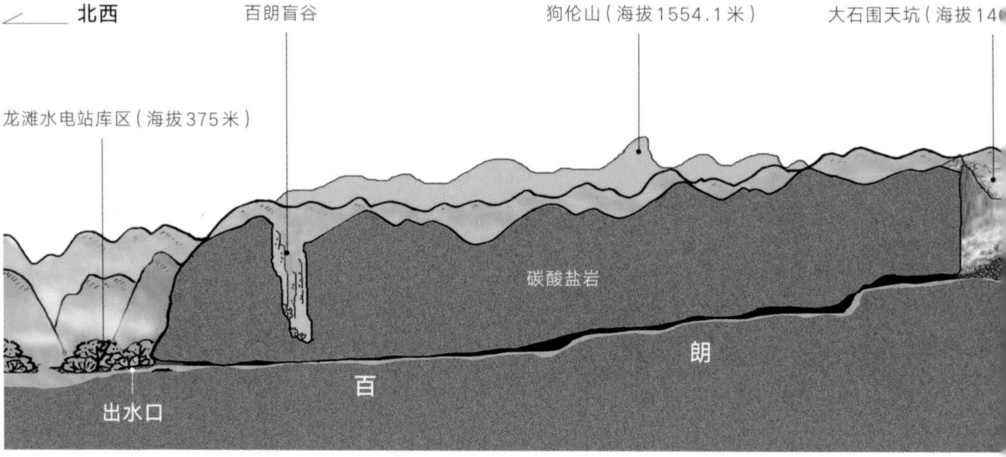

◆ 大石围天坑群与地下河相通的主要天坑和洞穴系统剖面示意图

之间的关系和秘密远未全部解开，从洞穴学理论推断，天坑之间是通过地下河洞穴这条纽带联结起来的，即天坑间是连通的。探查发现，有的天坑之间是连通的，但更多天坑之间尚未发现有连通迹象，是否存在无隐秘通道，目前还没有结论。许多未解的谜团需要等待明天的答案。

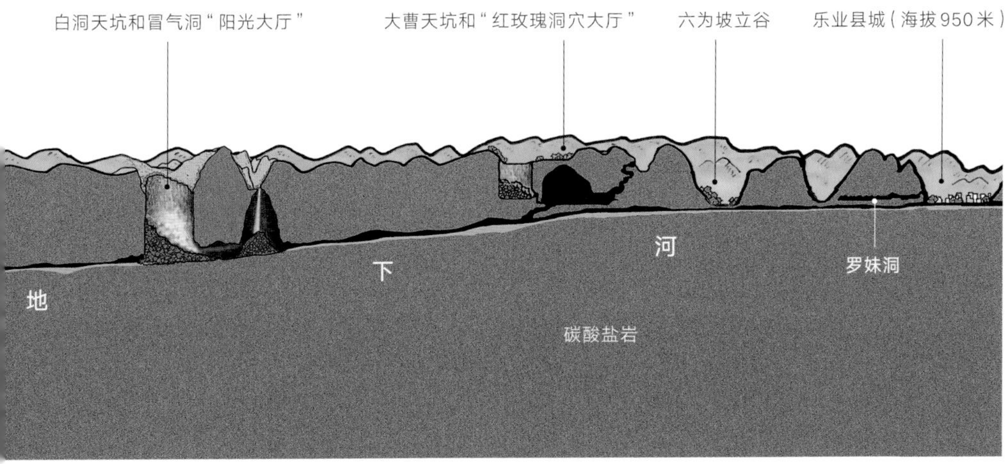

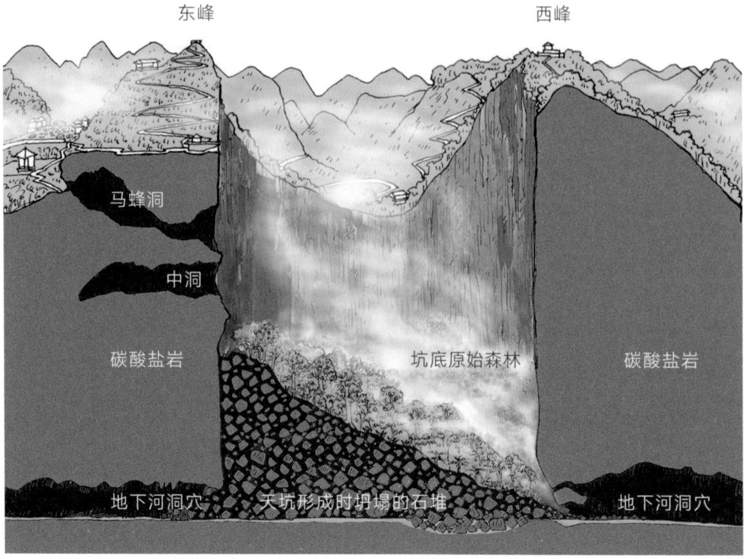

◆ 大石围天坑剖面示意图

大石围天坑　大石围天坑是天坑群中最早被重视和最有代表性的，也是最雄伟、最险峻、最深邃的天坑。天坑形态完整，体量惊人，三面峭壁直插云天，视觉冲击力极强。而且集天坑、溶洞、暗河、地下森林为一体，堪称最完美的天坑。大石围天坑的自然景色多变而迷人。在不同季节、不同光照、不同时段，景色变幻万千。

大石围天坑坑口长600米、宽420米，最大深度613米，容积7500万立方米。天坑坑底森林面积为10.5万平方米，生长在天坑形成时坍塌的石堆斜坡上，植物以亚热带常绿阔叶原始林为主，群落完整，分布有多种珍稀动植物，保存和发育着多种史前子遗植物。东面山峰峭壁上有山洞，经科考后命名为中洞和马蜂洞。大石围天坑底部与地下河水系相通，地下河水从西面山峰绝壁下一个小洞口进入。目前，中外探险考察已深入地下河5000米。地下河中已知的生物有中华溪蟹、张氏幽灵蜘蛛和盲鱼等。

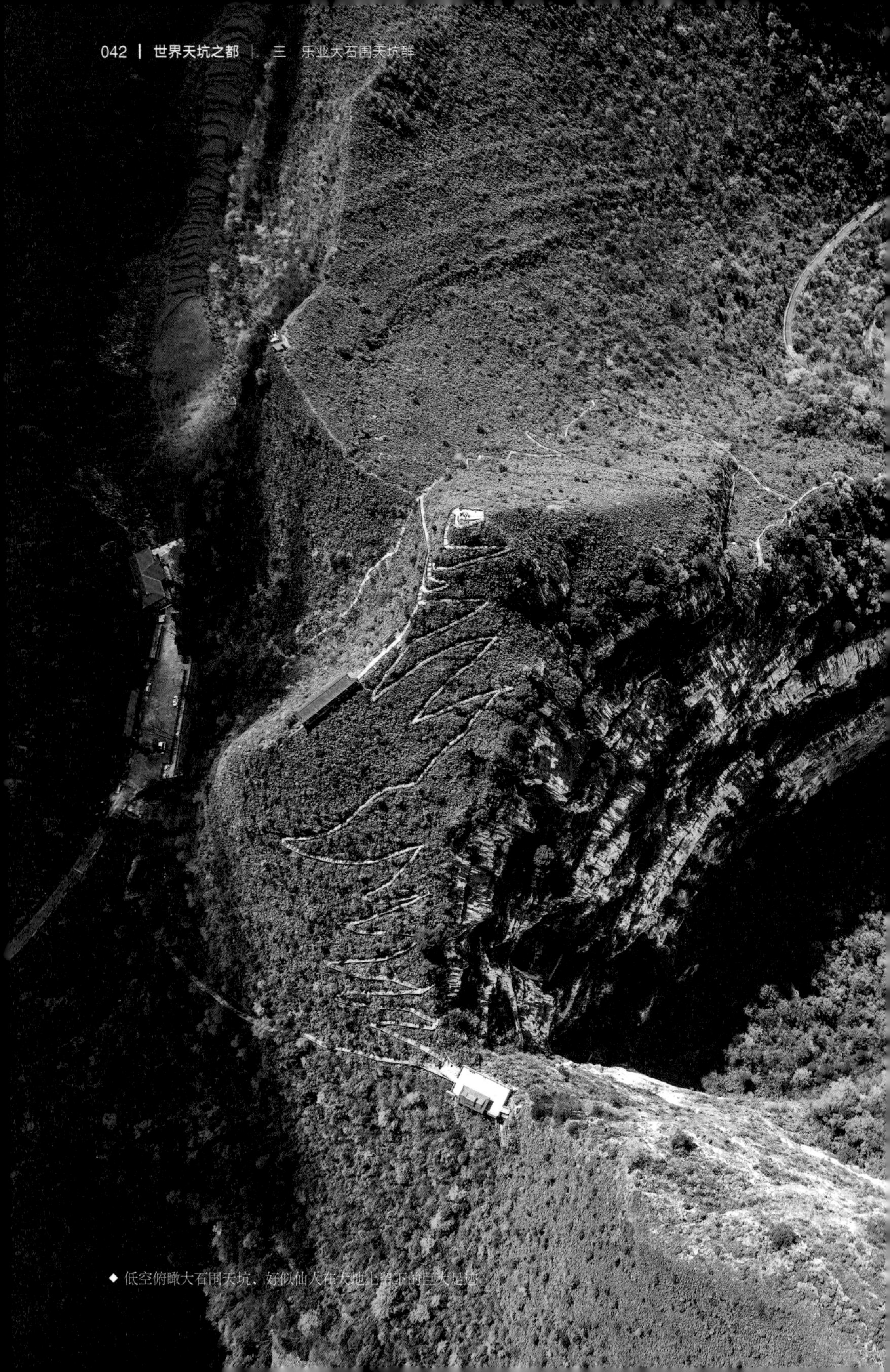

◆ 低空俯瞰大石围天坑，好似仙人在大地上留下的巨大足迹

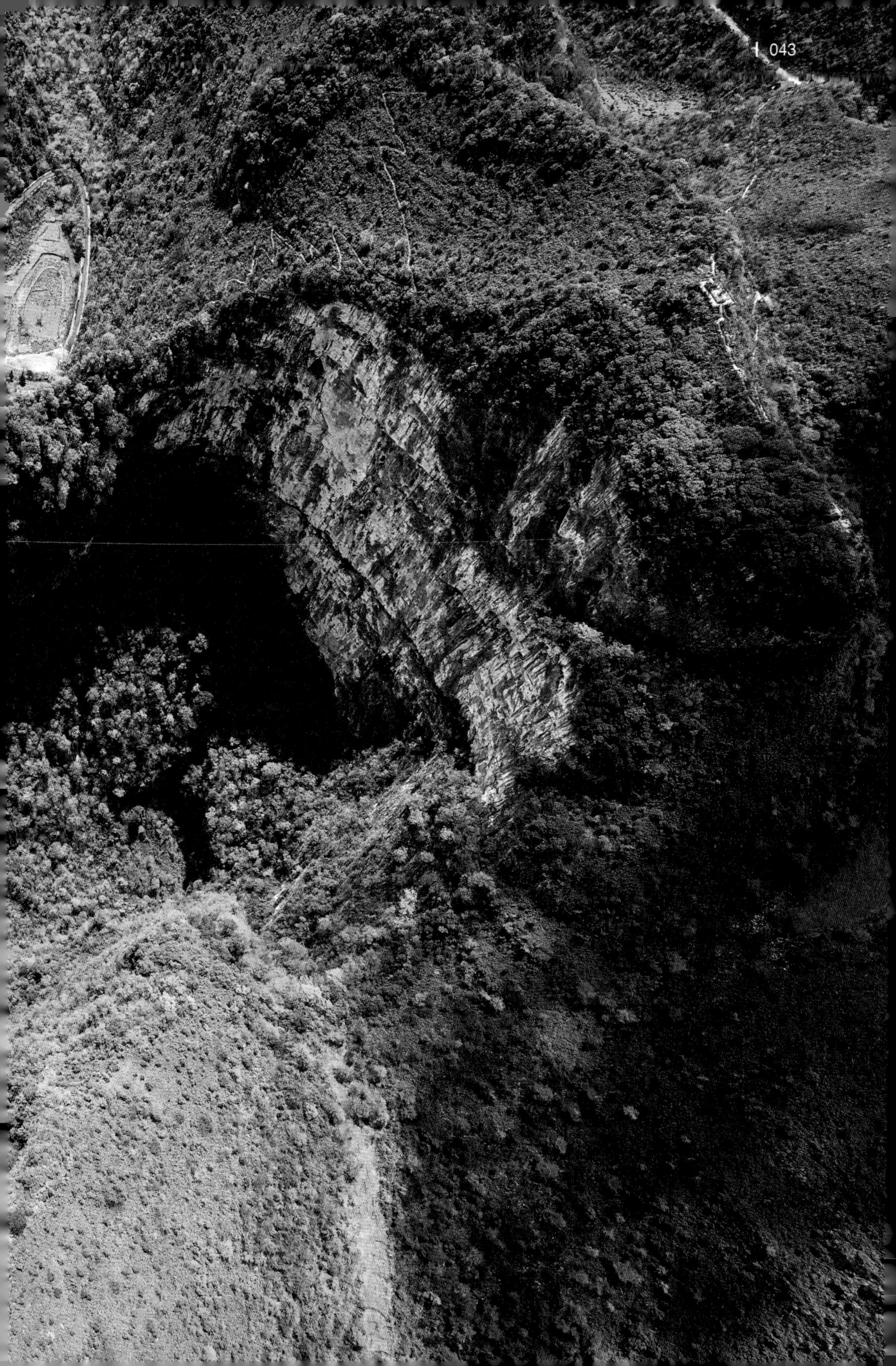

◆ 在大石围天坑东峰，难得一见的佛光奇观在雨后的云海间浮现

◆ 大石围天坑的雾凇景观

1

2

◆ 1. **大石围天坑东峰上的大明松** 松树上挂了雾凇，大石围天坑底部依然一派南国景色。坑口与坑底，守住各自的小气候

◆ 2. **长在峭壁上的福建柏** 俗称“鸟种的树”，著名的崖柏之一，第三纪孑遗的珍稀植物，生长缓慢

◆ 3. 大石围天坑坑壁上的马蜂洞（右上）和中洞

3

◆ 繁茂的原始森林掩映下的大石围天坑底部西侧的地下河入口

◆ **努力争取阳光的刺通草** 由于喜光，刺通草往往高高挺出天坑底部丛林，伸展出巨大的如手掌般的叶子，以便最大程度地接受阳光

◆ **大石围天坑底部的香木莲** 长成参天大树的香木莲是活标本，在地表已经很少见了

◆ **香木莲花朵** 花朵美色却内敛优雅

◆ 盛放的香木莲，远望如同在坑底的深绿上点缀了一层雪绒花

◆ **无花果树** 大石围天坑底部的无花果树成熟的果实与人无缘，是果子狸、鸟雀和鼠类的美食。由于人迹罕至，动物的食物链得以自然传承，最早的植物果实都为动物所食用

◆ 大石围天坑里的藤本植物顺着高大乔木上下腾挪，沟通着生态系统的下层与上层。它们也是很多苔藓、蕨类和附生兰花的附生载体，常在林间形成“空中花园”景象。

◆ 藤蔓纵横、寸步难行的原始森林。每一寸空间都被植物利用到极致。天坑底部也因此成为动植物的乐园，成为非常稳定的相对独立运行的生态系统

◆ 微距拍摄下的植物与水珠，是天坑另一种极致的美。葫芦藓一类的苔藓植物，必须依靠雨水才能传播它们的繁殖体——孢子。图中的藏满孢子的孢蒴上已经挂满了雨滴。雨滴掉落、流动时就带着孢子四处传播

◆ 自然界的先锋植物、坑底堆积的崩塌岩块上覆盖的苔藓层。苔藓植物在裸石和朽木上逐渐腐蚀无机物和分解枯枝败叶，转换为可被其他植物利用的营养元素，同时逐渐导致石块风化成土壤，为蕨类植物和种子植物提供生长条件

◆ **鸟巢蕨** 大石围天坑里的鸟巢蕨生命力顽强，长在天坑石头上，仅用一点点泥土就能生长

◆ **短肠蕨** 看起来不起眼的孑遗植物短肠蕨，也被称为植物活化石，据说起源时间比桫椤还要古老

◆ 像竹子一样的棕榈树——棕竹。大石围天坑坑底原始森林中密布的棕竹，是棕榈科少见的丛生灌木，最高可达 9 米

白洞天坑

白洞天坑位于大石围以东2400米，是一个与冒气洞相连的天坑，悬崖绝壁呈现白色，又常有白色雾气从洞口涌出，故而得名。坑口长达220米，宽达160米，最大深度达312米。坑底有茂密的森林，方竹是其标志性观赏植物。

◆ 白洞天坑坑口为圆形，自坑底仰望坑口，白雾氤氲，树影婆娑，光影如梦似幻

◆ 白洞天坑坑底生长的方竹，竹身初为圆形，长老后变成方形

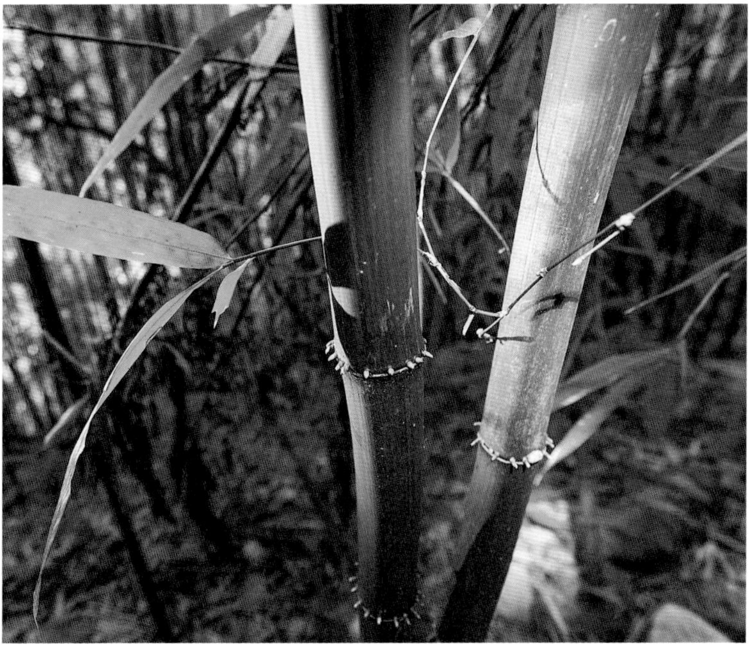

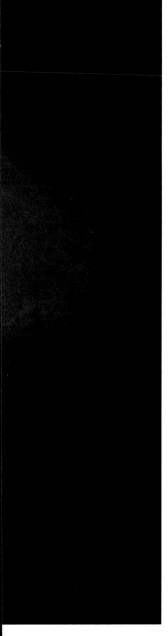

◆ 白洞坑底有洞口连通冒气洞。从地表上看，一座山只有山顶塌陷了一小片，形成一个“天窗”，其实整座山内部几乎塌空了。洞穴内温度、湿度经常发生变化，于是洞穴内外气体不断交换，或是气体从天窗冒出，或是洞穴向内吸气。冒气时人们能看见洞口附近的草木摇摆，所以当地村民叫它“冒气洞”

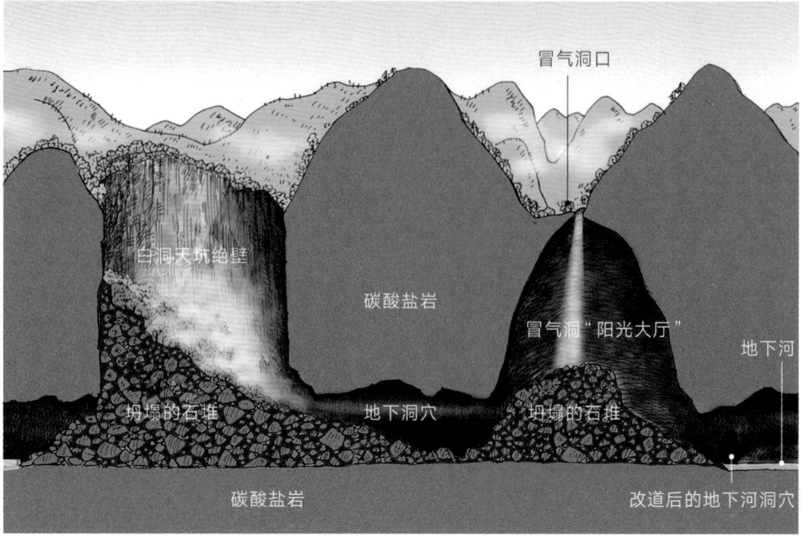

◆ 白洞天坑和冒气洞“阳光大厅”及地下河洞穴系统示意图

冒气洞洞穴 人们进入山体内部，看见整座山体内被淘出一个大厅。大厅高380米，厅底直径180米，薄薄的山体像一个大石头罩子，这个大厅是世界上最大的天窗型地下大厅。对大石围天坑群进行的科学考察证明：洞穴大厅是塌陷型露天天坑产生的重要阶段。科考还发现，冒气洞山体石灰岩内部普遍存在缝隙，每个雨季，大量雨水经缝隙渗入山体，继续侵蚀石质，使缝隙扩大，石块也不断发生剥离坠落，天坑继续发育的现象明显，这里再次发生塌陷形成露天天坑的条件最充分，等待的只是时间和强烈的诱发地质作用（如地震）。冒气洞洞穴大厅在天坑发育过程中具有标本化意义。冒气洞洞穴底部与地下水系相连。

大曹天坑

大曹天坑底部连着世界级的『红玫瑰洞穴大厅』和地下河的大曹洞，此为一大亮点。天坑坑口长300米，宽140米，可视深度92米，底部面积3万平方米，容积130万立方米。

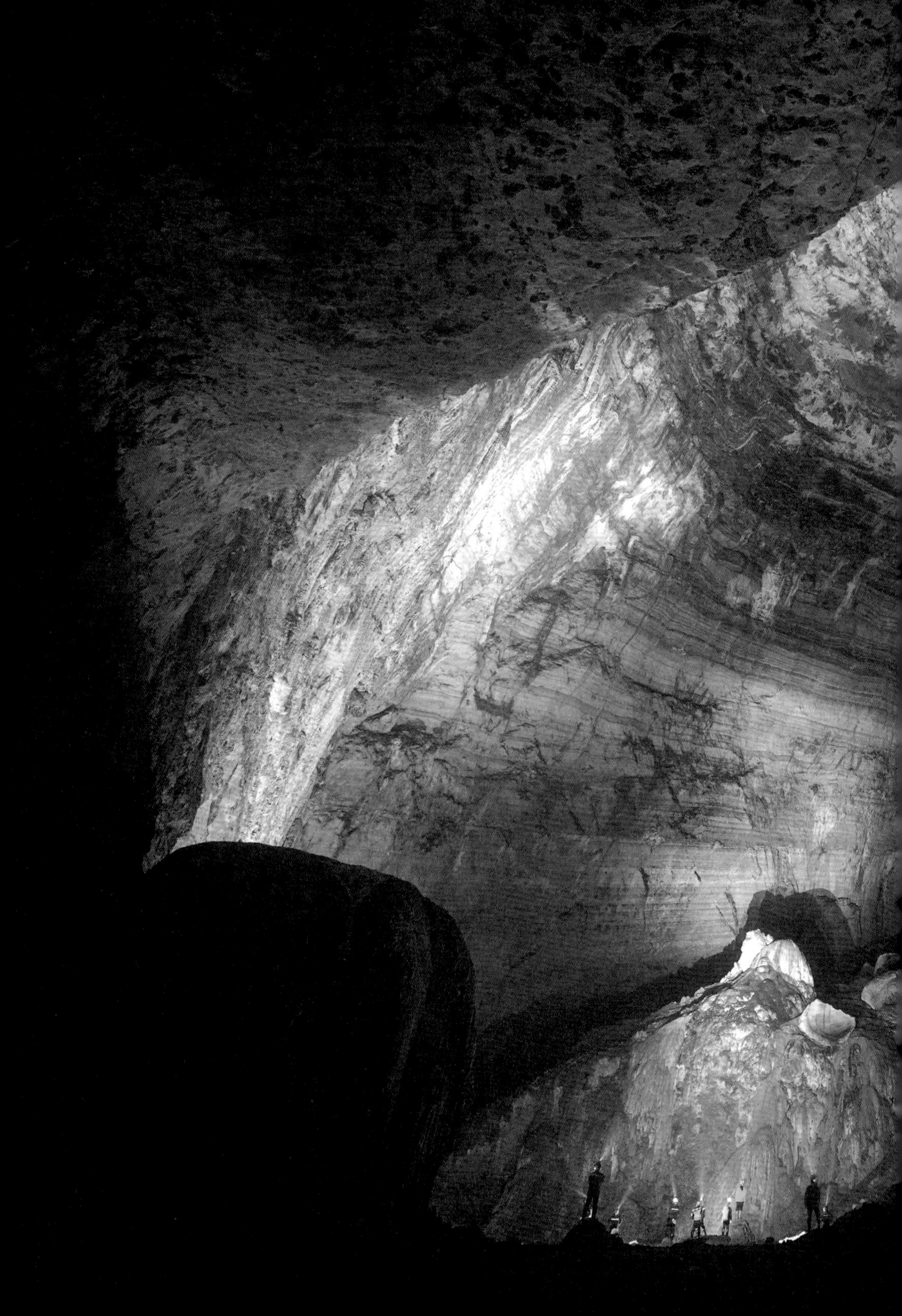

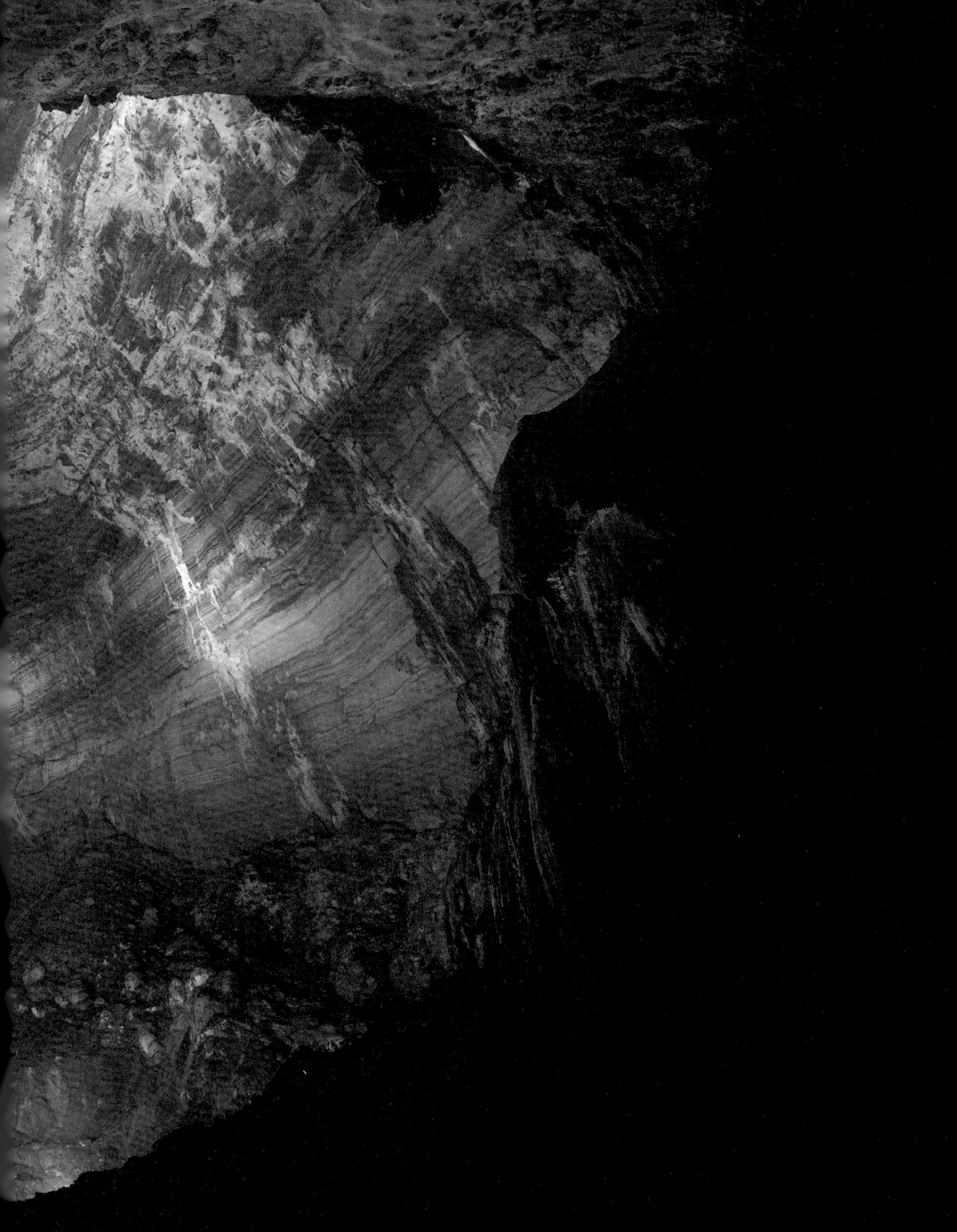

◆ “红玫瑰洞穴大厅”内部的巨大空间。洞壁、洞顶及洞底早期崩积岩块上生长有巨型石笋

黄猄洞天坑

黄猄洞天坑集天坑、溶洞、高山、森林、瀑布于一体，是大石围天坑群中底部最平坦的天坑。天坑坑口长320米，宽170米，最大深度16米。绝壁上下偏移距离达30米，适合攀岩速降。

◆ 俯瞰黄猄洞天坑，底部因为堆积从地表冲刷下的大量泥沙而变得异常平坦

神木天坑

神木天坑坑口长370米，宽340米，最大深度234米。坑口起伏较大，由两座对峙的山峰和两个垭口组成。此坑因底部生长有参天古树而得名，为大石围天坑群中森林最茂密的天坑。历史上这片森林也曾遭受人类砍伐，因此当地群众把这里叫作『砍柴洞』。

◆ 生长于神木天坑绝壁上的华南五针松。它是中国特有的植物，属国家二级重点保护野生植物，是裸露石灰岩峭壁上最高大的绿色代言人

◆ 深秋 11 月，神木天坑坑底森林依然繁茂，树色绚烂如画

穿洞天坑　穿洞天坑口部为不规则多边形，坑口长370米，宽270米，最大深度312米。半坡的月牙形山洞与天坑底相通。此天坑是最容易进入坑底的天坑之一。

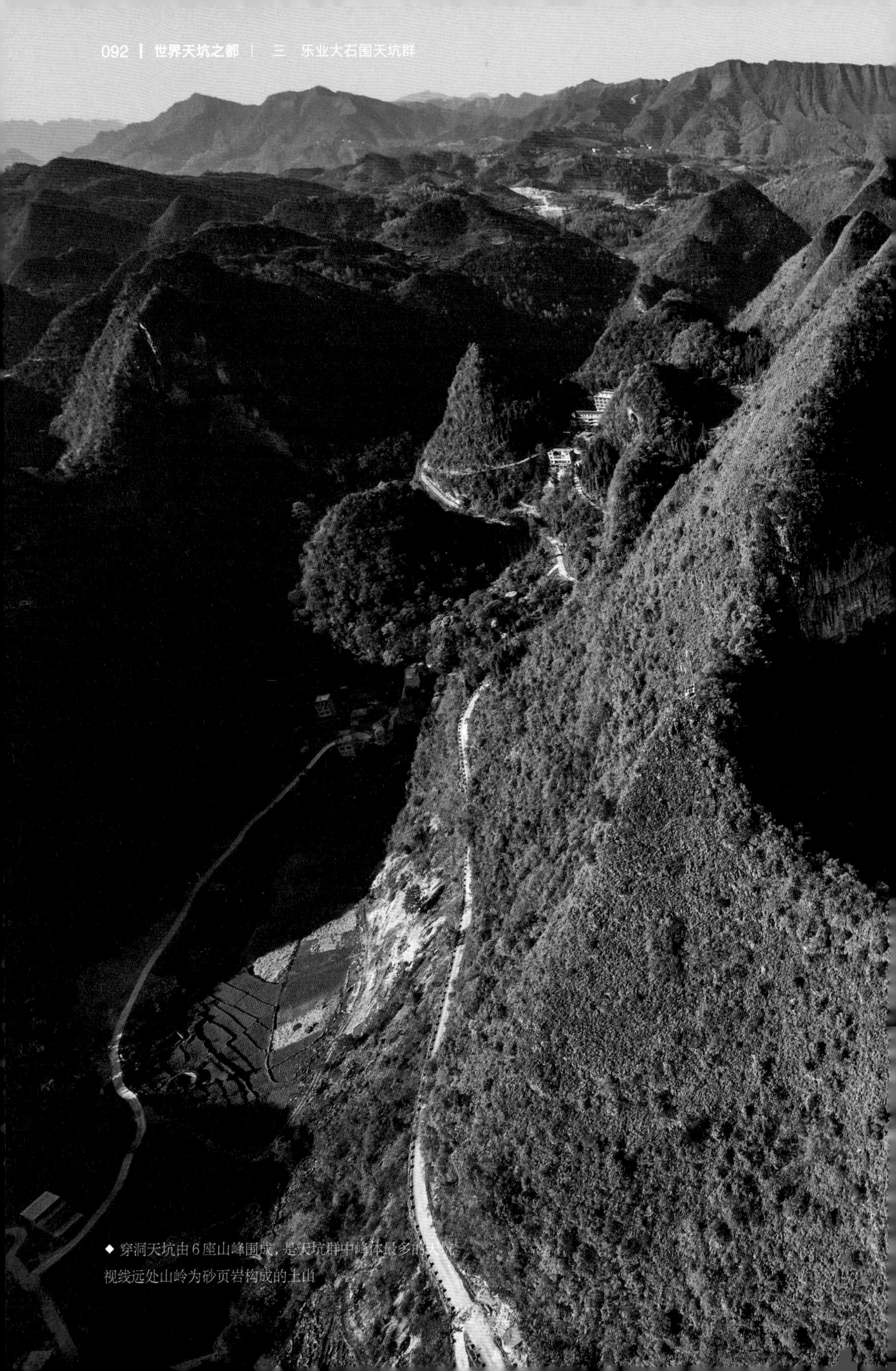

◆ 穿洞天坑由 6 座山峰围成，是天坑群中峰体最多的天坑，视线远处山岭为砂页岩构成的土山

◆ 穿洞天坑西南端为厅堂式洞穴，其顶部发育有一个小天窗，光柱自 108 米高处射下，令人惊叹。这一景观被命名为“天使之吻”

流星天坑

流星天坑坑口长534米，宽380米，最大深度290米。在天坑群中，它的规模仅次于大石围天坑，原名大坨天坑，因科考航拍时发现其坑口状如流星而改现名。

◆ 流星天坑航拍图，右上方为穿洞天坑

燕子天坑　燕子天坑坑口长100米，宽60米，最大深度250米。它因能遮风避雨，燕子喜欢在其中群居筑巢而得名。与白洞天坑相邻。科考探险队员曾在其中发现前人熬硝遗迹。

拉洞天坑 拉洞天坑坑口长202米，宽127米，最大深度215米。天坑两侧绝壁呈双峰对峙之势，四边都是悬崖峭壁。人们可以想象，当地下水把山体淘空，山体在瞬间塌陷，山壁垂直快速陷落而形成天坑时的情景。天坑底部生长有很多香木莲。

邓家坨天坑 邓家坨天坑坑口呈盾形，长470米，宽278米，最大深度278米。天坑底部堆积大量崩塌岩块和地表水冲刷下的土层，森林茂盛，群落层次鲜明。

罗家天坑

罗家天坑坑口长140米，宽100米，最大深度128米，属小型天坑，在大石围天坑群中最小，刚达到国际上通行的天坑界定标准。它与大石围天坑仅半边山之隔。

苏家天坑 苏家天坑坑口呈椭圆形，长224米，宽134米，最大深度167米；与罗家天坑仅一垭口之隔；坑底堆积大量崩塌岩块及地表水冲刷下的沙土，底部海拔较高，森林茂密。

Part 4　P111-154

四　天坑里的隐秘奇观

从地上到地下，大石围天坑群的魅力无穷，深邃而庞大的地下洞穴和地下水系还隐藏在未知的黑暗里。天坑洞穴是没有时间概念的黑暗之处，这是天坑最为隐秘的所在。其洞穴体量庞大，水与石造物奇特，发育生命力长久不衰，即使科考探险也没有到达多数天坑洞穴的深处。经过一群乐业县本土摄影人、探险人十数年的探险摄影将它唤醒，世人才终于得以一瞥。

他们的眼球和镜头摄入的是，不曾闪现过一丝自然之光的洞穴，流水与石头这两种地球上最普通平凡的物质，在无尽时间的陪伴下，在无人干扰的秘境中，竞相切割塑造。面对最隐秘处的奇观，大自然的创造力，人类只有叹为观止。

冒气洞的『阳光大厅』 此天坑由于山顶塌陷形成天窗，天窗距洞穴底部的垂直高度为410米，大厅直径180米，面积27600平方米，容积520万立方米，是大石围天坑群中又一个巨型洞穴。这里可以看作天坑活标本：水渗入石灰岩，破坏了岩石之间的紧密结构，使缝隙不断扩大，山体松散后塌陷；地下水再把石块消融推走，制造出更大的空间。如此反复，永无止境。

◆ 金银洞地下河。洞顶的纹路像是奇幻的云彩或者荡漾的水波。其实这是地下河水对岩石溶蚀作用的痕迹

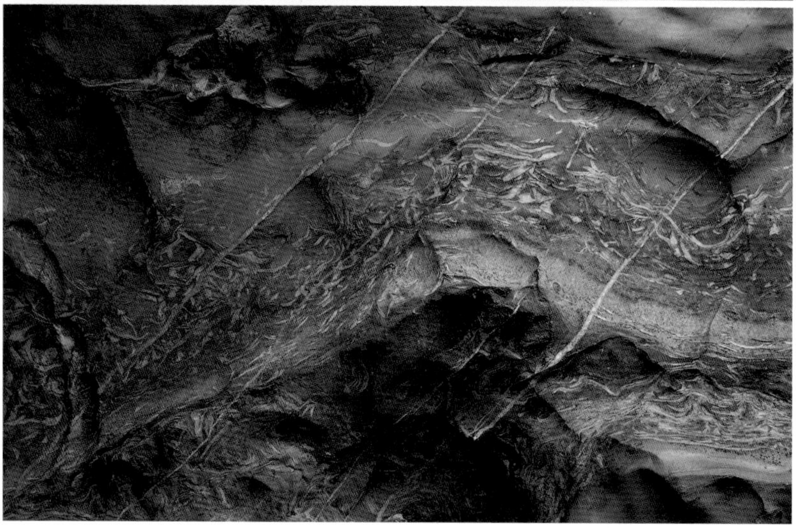

◆ 这些色彩丰富而风格雄浑的岩石机理，实则是水流作用形成的蚀余结构。左下图的石灰岩岩层中白色短条带为叶状藻化石，三条平行的长带为方解石脉，赭红色为铁质淋滤物质

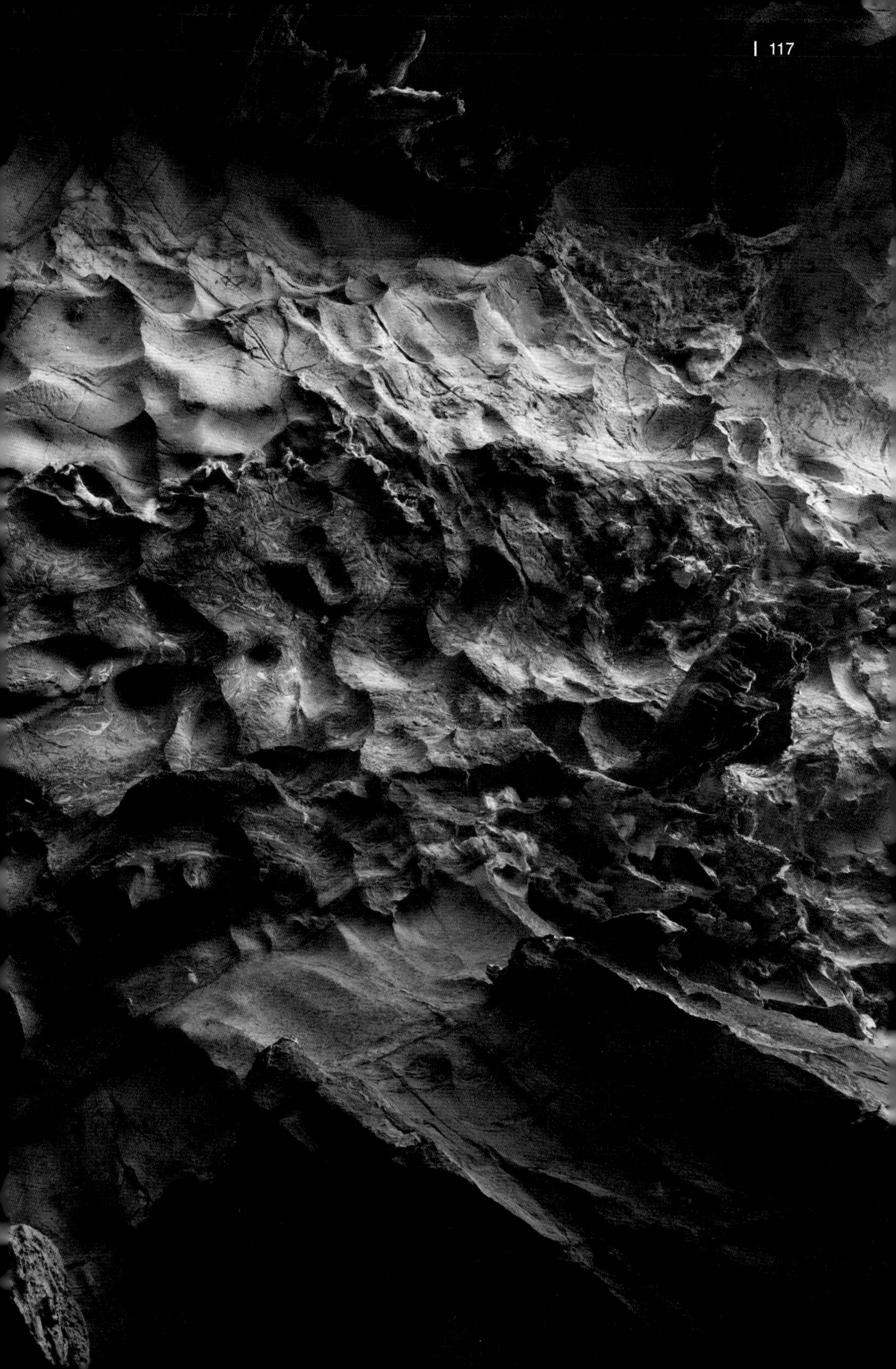

◆ 被探险队队员头灯照亮的洞穴内部空间。在洞穴形成后期，石灰岩地层沿层面和构造裂隙崩塌，堆积于洞底，其后地下河水带来的泥沙又造成淤积

◆ 在钟乳石遍布、如神仙洞府一般的飞虎洞中，洞顶水流通过鲤鱼嘴状的钟乳石淌下，由于温度、压力的改变，水中的碳酸钙沉淀结晶出来，在洞底形成丘状石笋，仿佛宫殿前的台阶

大曹天坑洞穴的『红玫瑰大厅』 『红玫瑰洞穴大厅』的水陆通道与地下河有水道相通，与谭家洞竖井有旱道相通。根据美国《国家地理》公布的测量数据：『红玫瑰大厅』底边长300米、宽200米、高200米。底部面积5万平方米，容积700万立方米，容积在全世界已发现的洞厅中排名第四。

◆ 如七宝楼台一般炫目瑰丽的钟乳石群和石柱群，天上地下，首尾相接。此处顶上分布的是由鹅管增粗变成的棒状钟乳石群和石柱群，表面覆盖有由裂隙水沉积的石葡萄、石珊瑚，部分钟乳石因铁质浸染而呈赭红色

◆ 洞内水池倒映的石瀑布。眼前凝固的瀑布实际上是渗入洞中的片状流水碳酸钙多期次沉积的产物。石瀑布下部形成流石斜坡和石梯田，在洞底形成流石坝。洞顶滴水在石瀑上方和洞底局部地方形成小石笋。水池里的水则是雨季洞顶上方渗透水流的积水

◆ 大型石笋。它由大量碳酸钙随渗透水流在崩塌堆上沉积形成，右侧倾斜的石笋可能是直立石笋形成后因底部不均匀沉降所致

◆ 由洞顶渗入的水流以片状流水形式，经过多期次沉积形成了巨大的石柱，后来因外层不断掉落，露出了石柱的核心部分

◆ 杨柳井洞里孤单耸立的大石笋

◆ 眼前所见的线条和色彩，让人想起充满洪荒之力的史前洞穴壁画。这些在洞顶石灰岩上呈现的不规则黄褐色斑块与条带，可能是洞顶入渗水流淋滤了上方含铁物质所致

◆ 这种高度仅以厘米记、颜色浅黄、状如竹笋的化学沉积物，叫塔珊瑚，为典型的水池沉积物

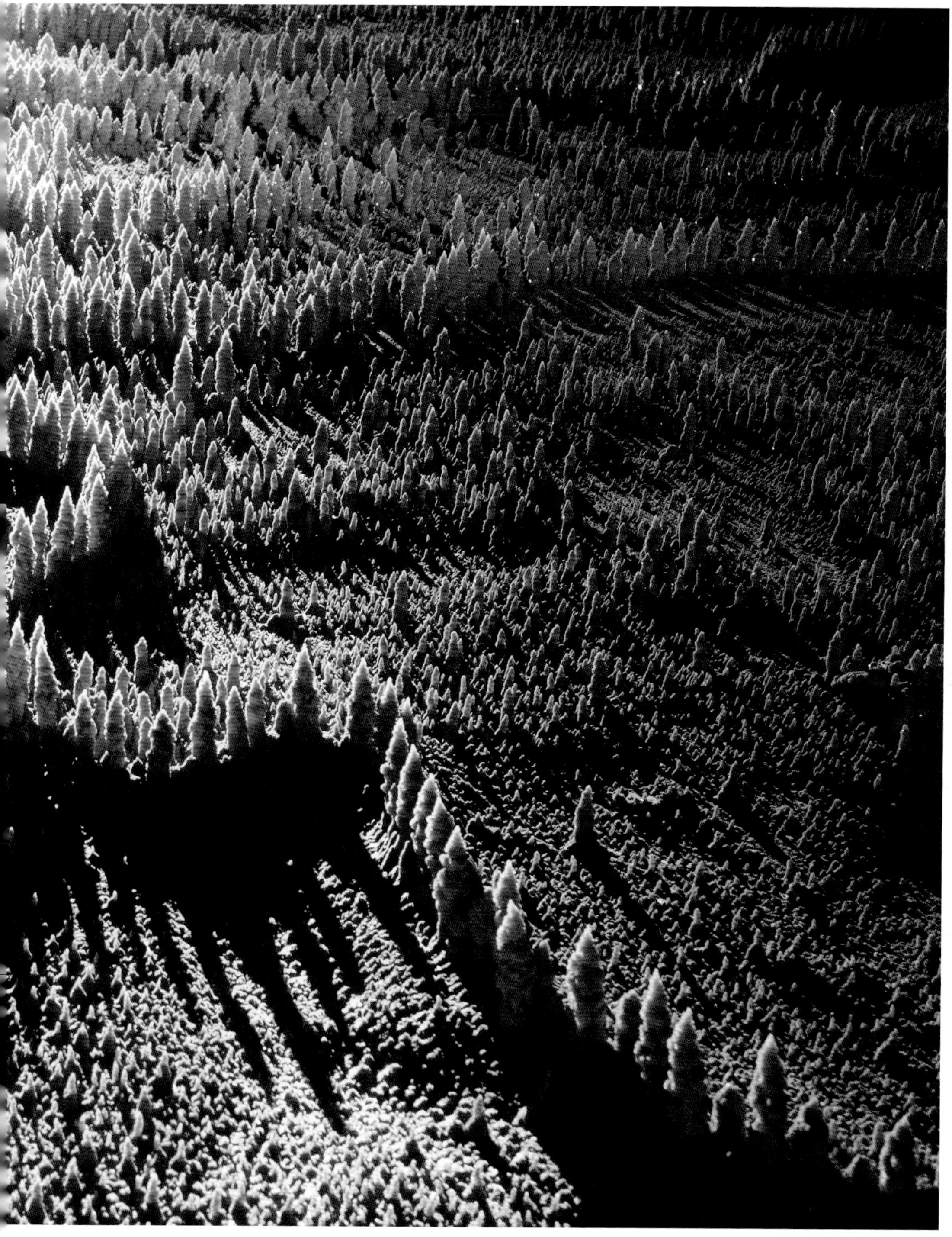

◆ **莲花盆** 这个直径达9.4米的莲花盆是世界上最大的莲花盆。它是由于石壁滴水中所含碳酸钙物质在洞道底部堆积凝结而成，是洞顶滴水、洞底池水相互协同沉积的产物，只要“滴水—池水”这一沉积平衡条件不被打破，莲花盆就会继续生长

◆ 洞底水流形成的石梯田及流石坝。徐霞客对此曾经有过这样准确的描写："仙田成畦，塍界层层，水满其中，不流不涸"

◆ 非重力水沉积的卷曲石、石毛发

◆ 钟乳石的雏形——鹅管

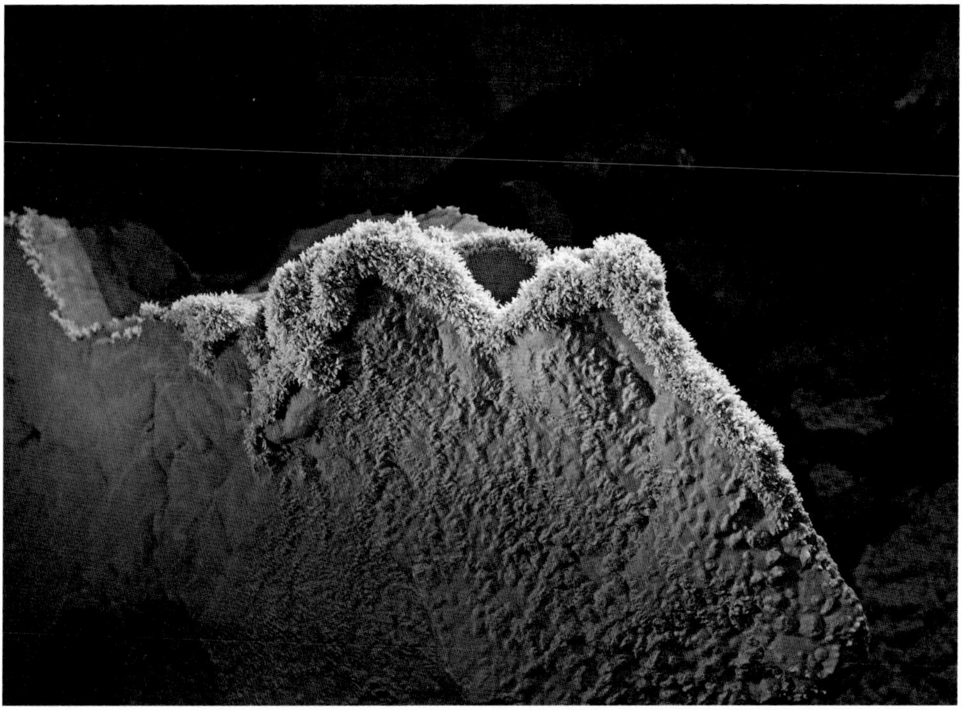

◆ 水池沉积的微型方解石晶花

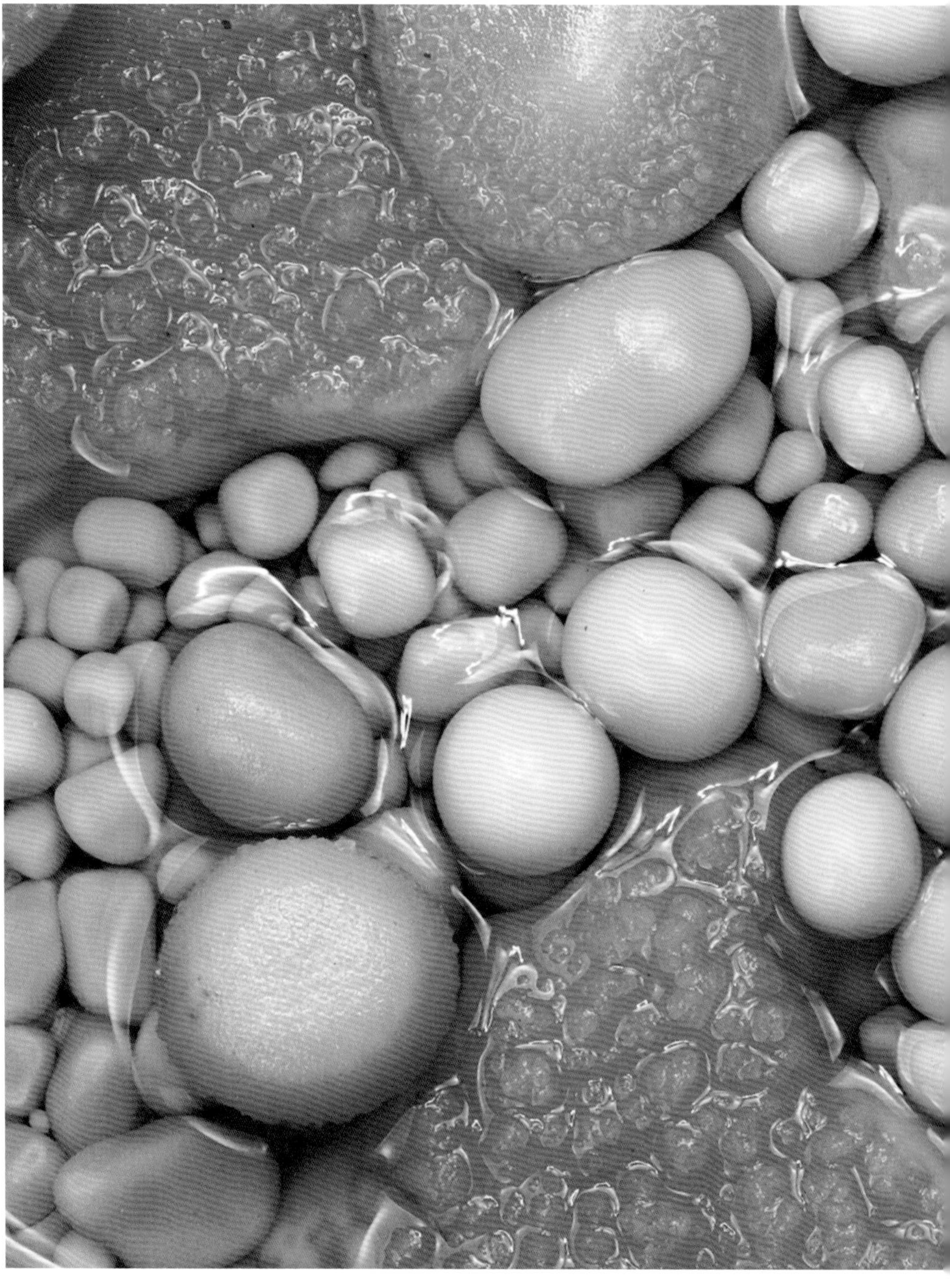

◆ **穴珠** “丸石如珠，洁白圆整”，这是徐霞客对号称“洞穴珍珠”的穴珠的描述。实际上，它是洞顶滴水、浅池水和缓流水协同沉积而成的球状沉积物。在地下河水系中的穴珠，因为与地面之间的摩擦滚动，变得极为光滑，呈现出千姿百态的样貌。

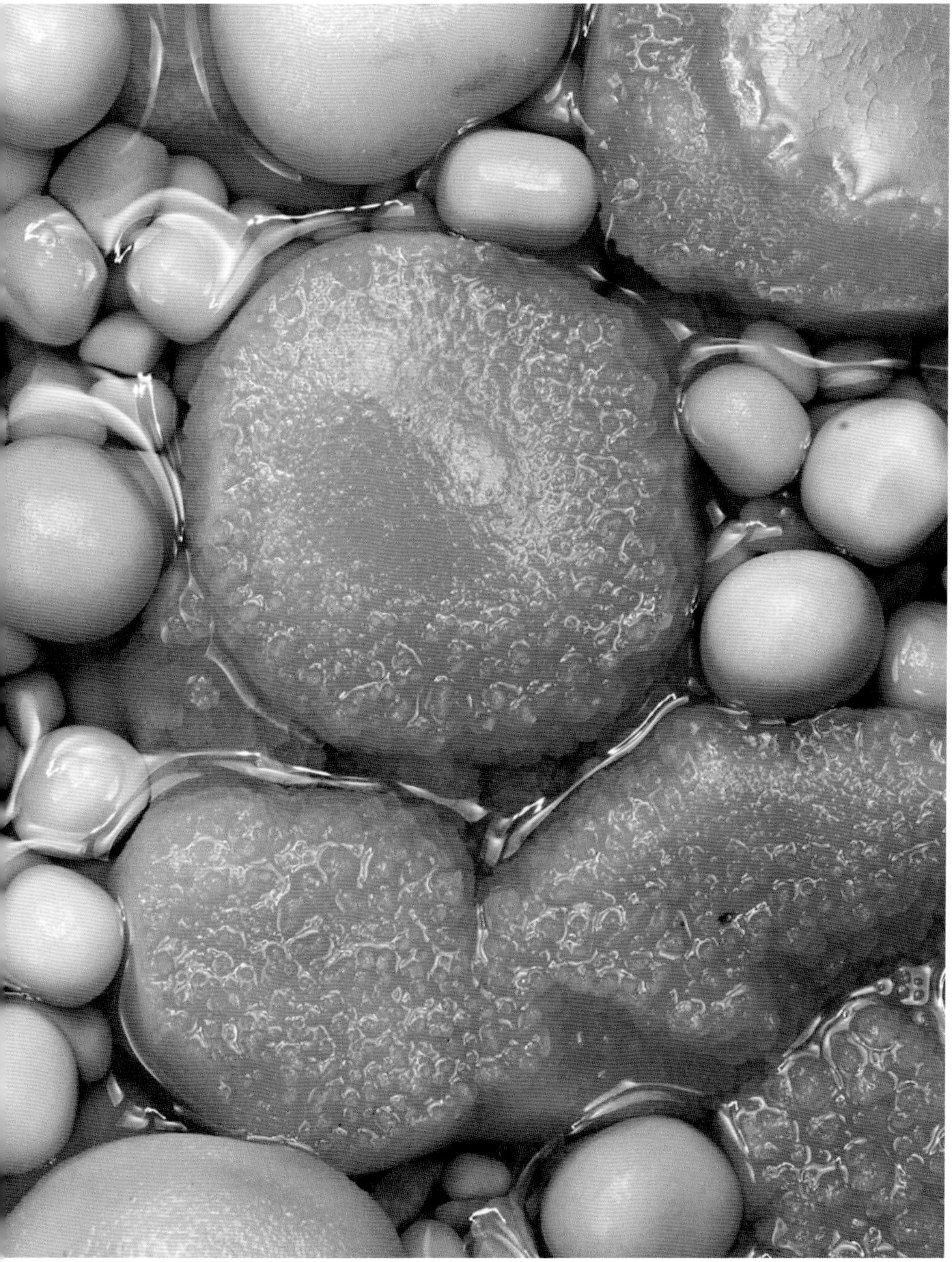

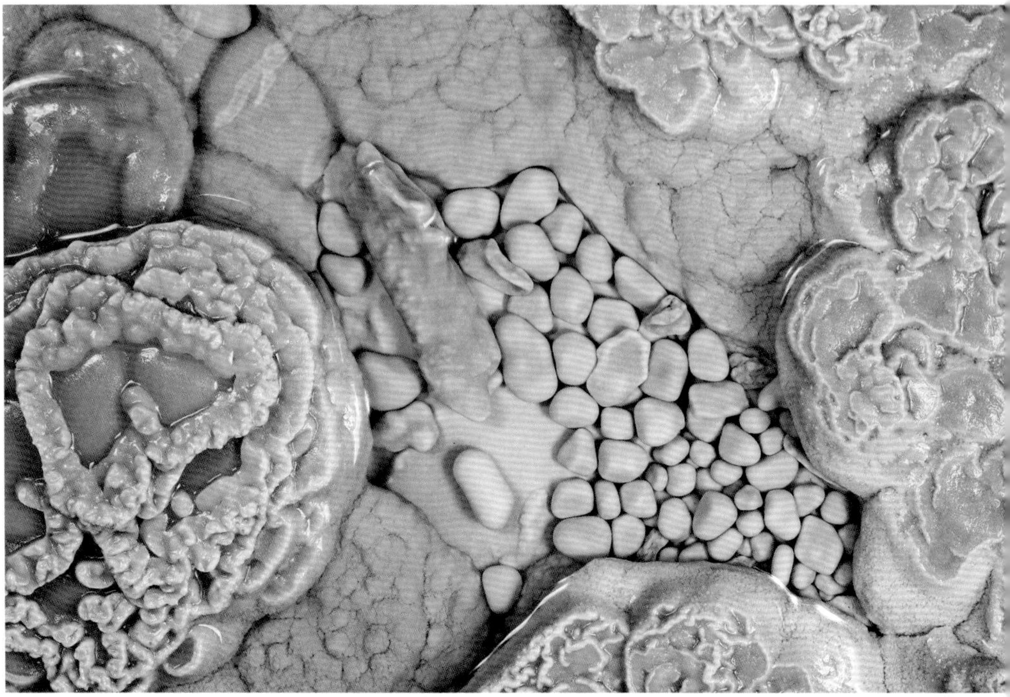

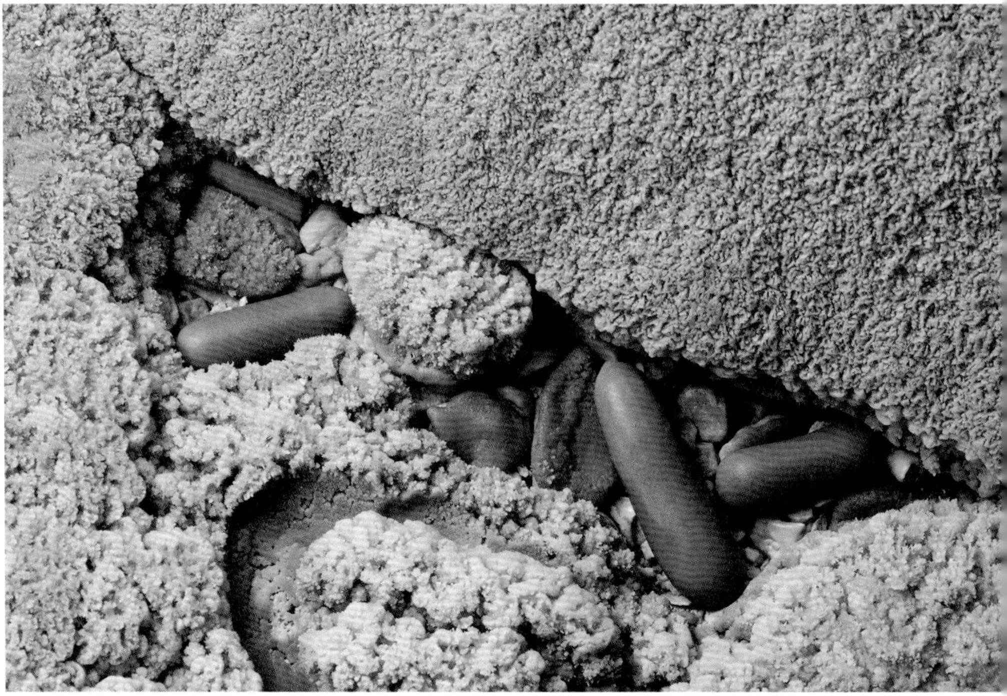

◆ 小水池中被逐渐磨圆的穴珠与状如胶囊的穴棒

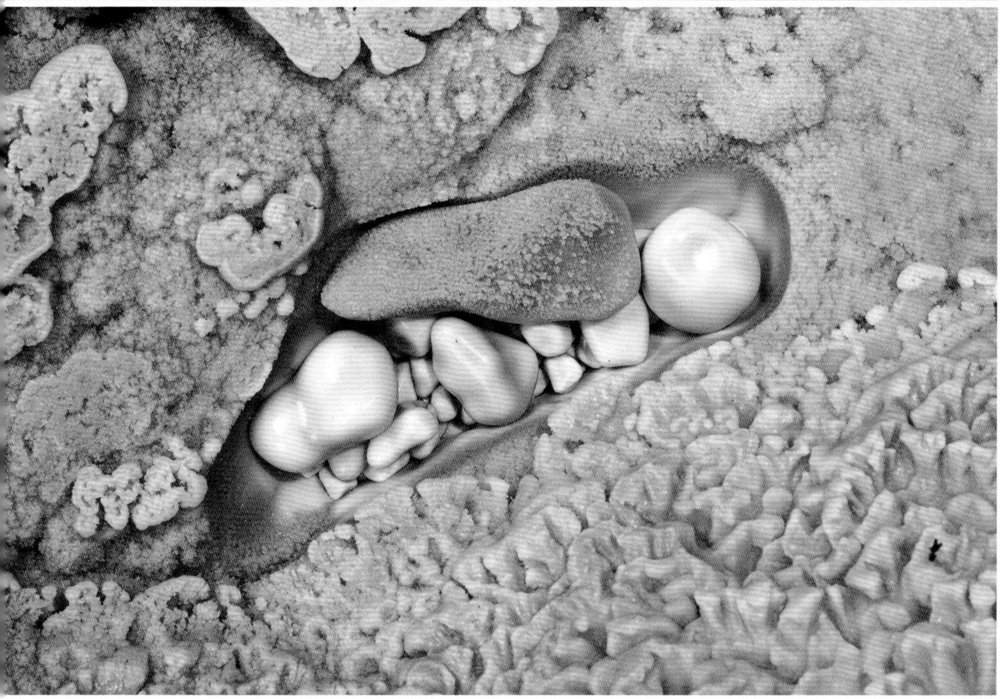

◆ “镶嵌”在石间、只露出一端的穴珠，或状如鸡蛋，或色似珍珠

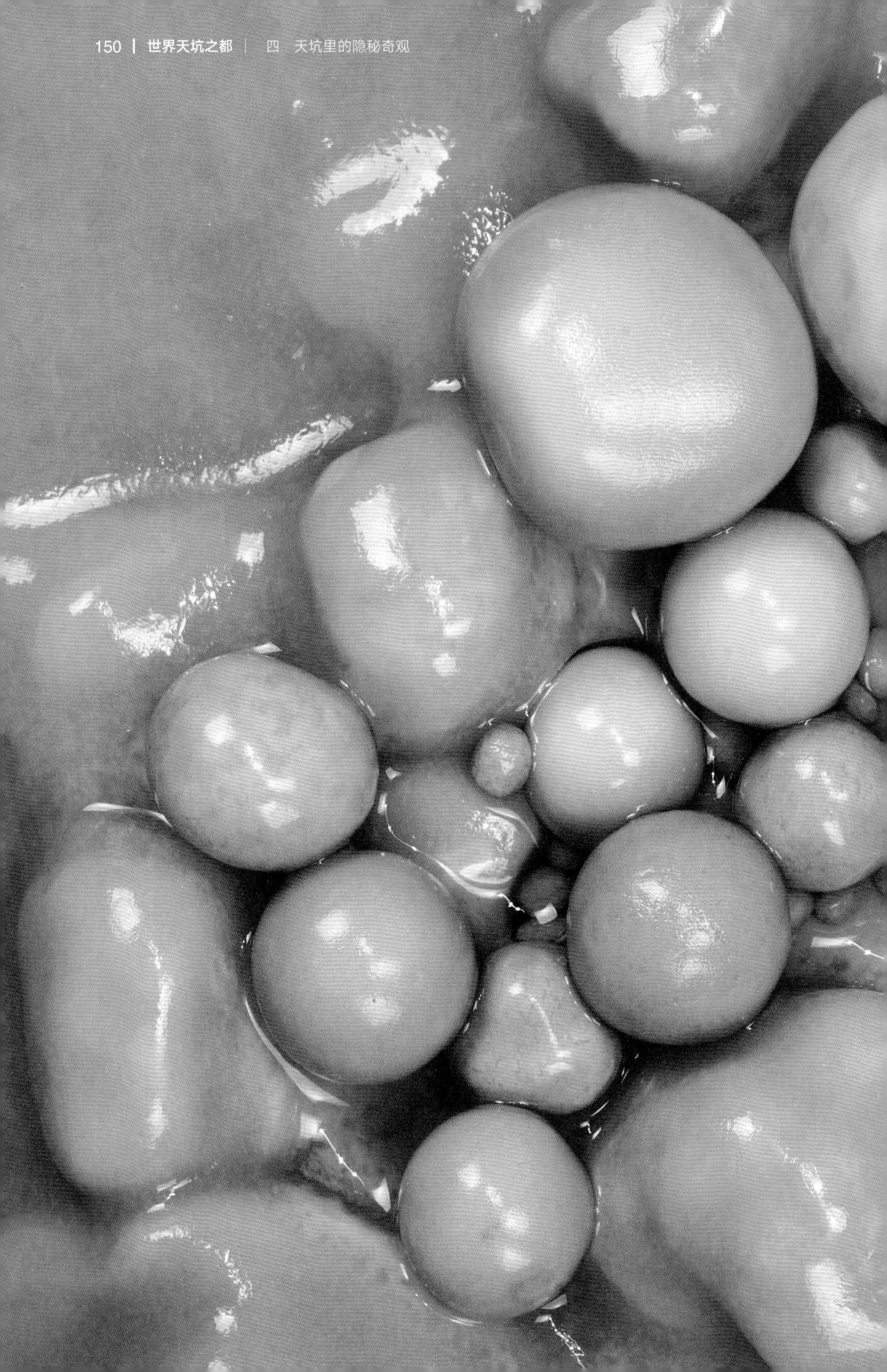

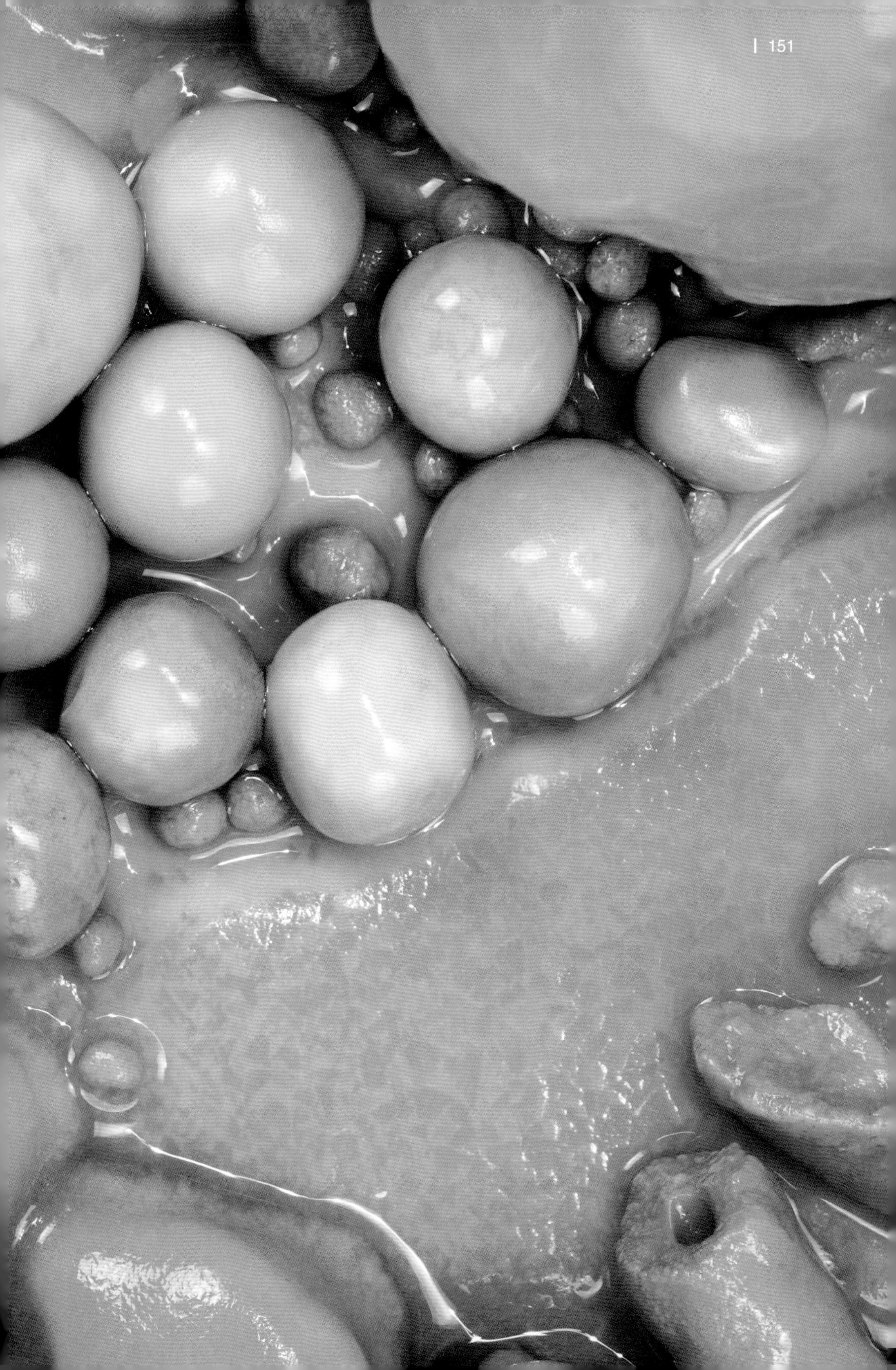

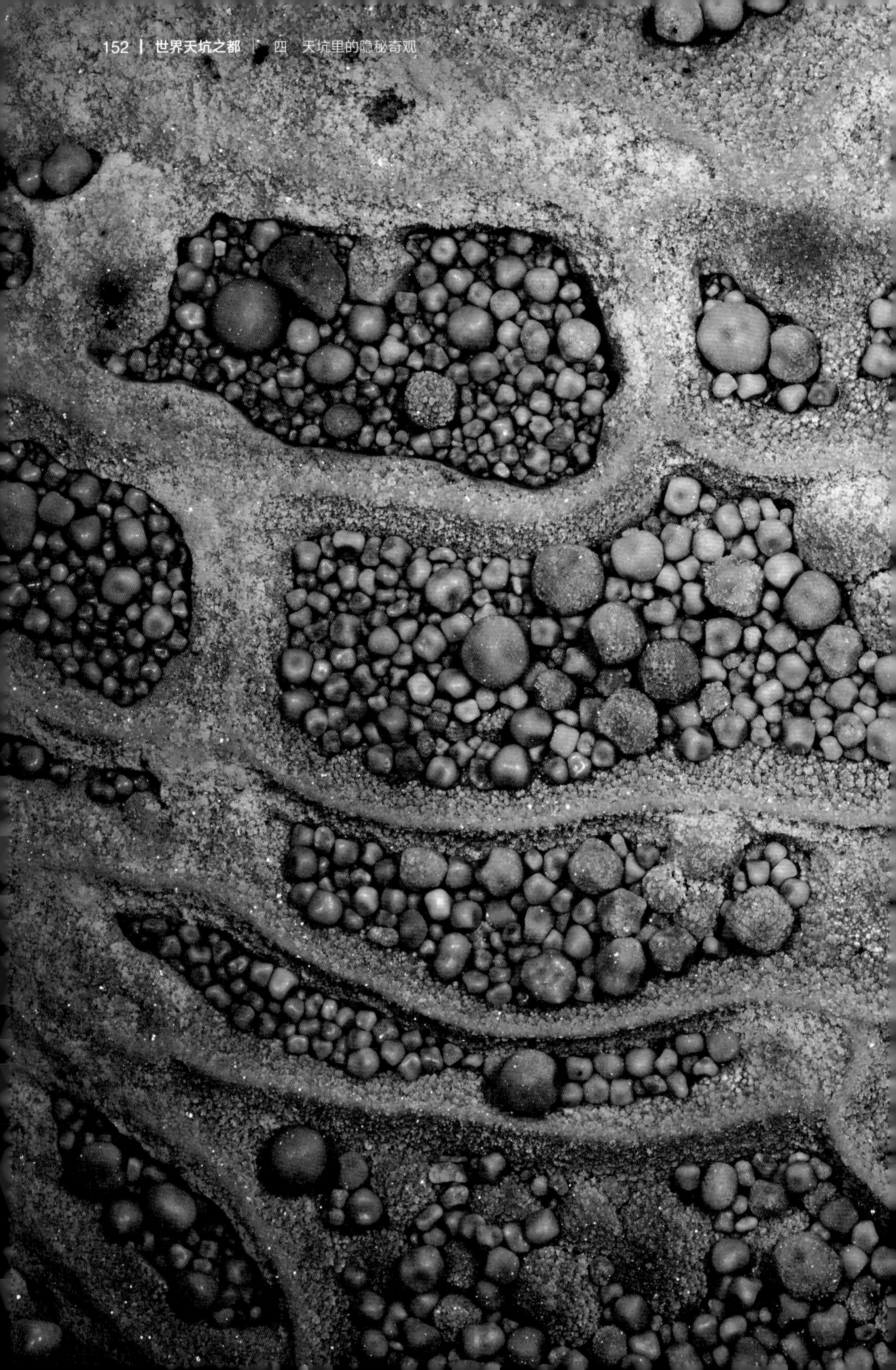

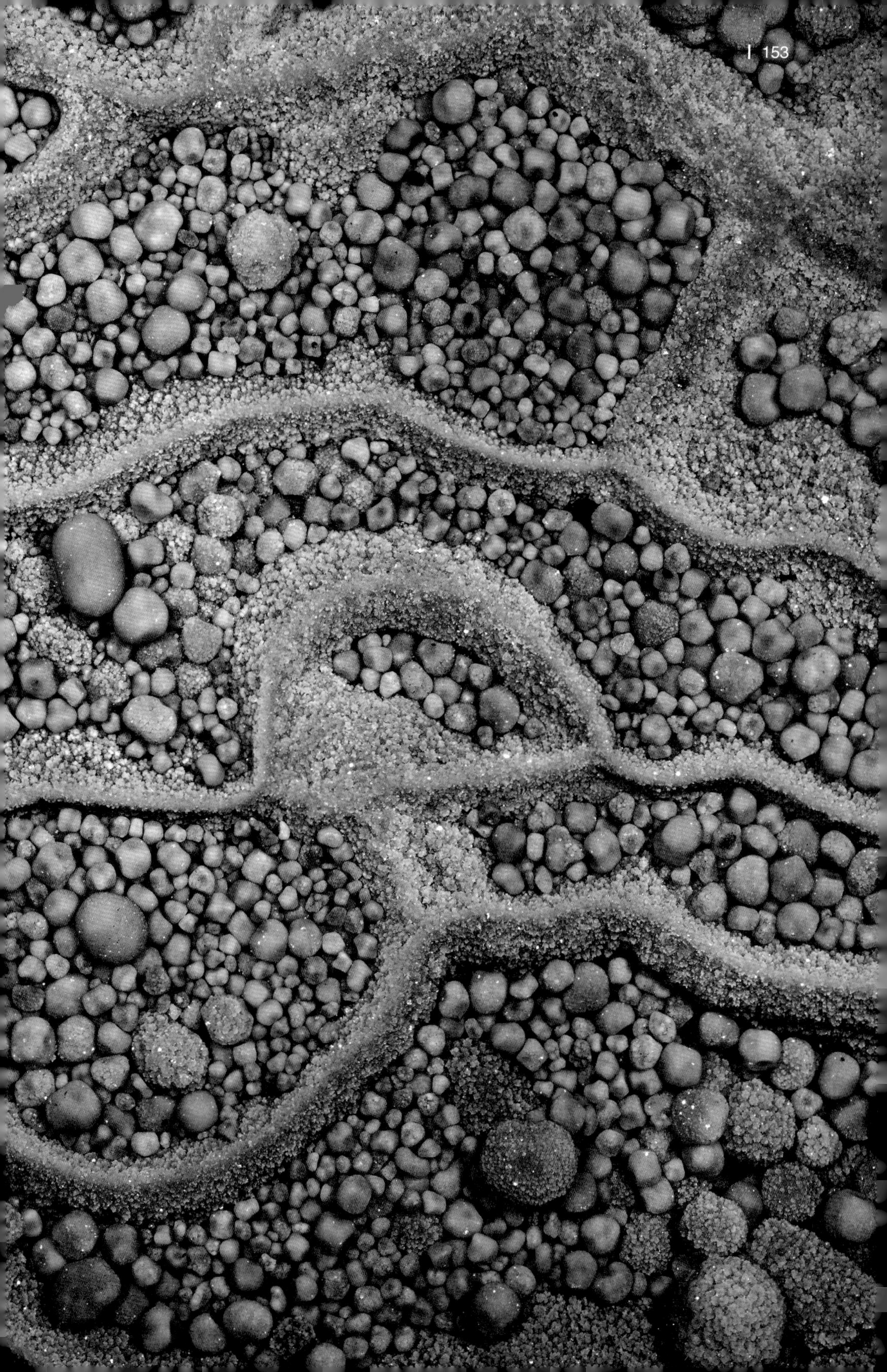

五 天坑里的生物世界

Part 5 P155-218

从航拍看广西乐业天坑群，每一个天坑或是一片深绿，或是一点深绿，与周边的地表植被有明显区别。深沉的绿色，是生态良好的大自然本色。天坑底部因为山体塌陷而形成巨大空洞，距地表很深，四周是悬崖绝壁，当地村民很少涉足。因此，地表塌陷后生长起来的植物和进入坑底的动物，幸运地躲过了人类千百年来的索取和猎杀，也避免了人类出于自身目的而进行的开发改造。

如今，天坑底部仍然生长着次原始状态的森林植物群落，活动着自由自在的动物。天坑森林生态系统环境独特，保持了与周边环境相对独立的小气候。这个小气候的本质特征，就是因为天坑与地下河连通，使得空气湿度增大，从而使所有物种能够在土壤稀少的不利条件下生存繁衍。

大石围天坑群中的动植物，按其自然属性繁衍与遗传，不受外界干扰，保持原形，色彩漂亮。它们的幸运在于可以遵循物竞天择的自然规律，有进化也有退化。它们的生相表明：只要人不过度干预，自然生态就不会衰败，物种就不会消失，地球的生命形态就能始终健康地保持在高端。这是天坑群给人类如何与自然和谐相处的启示。

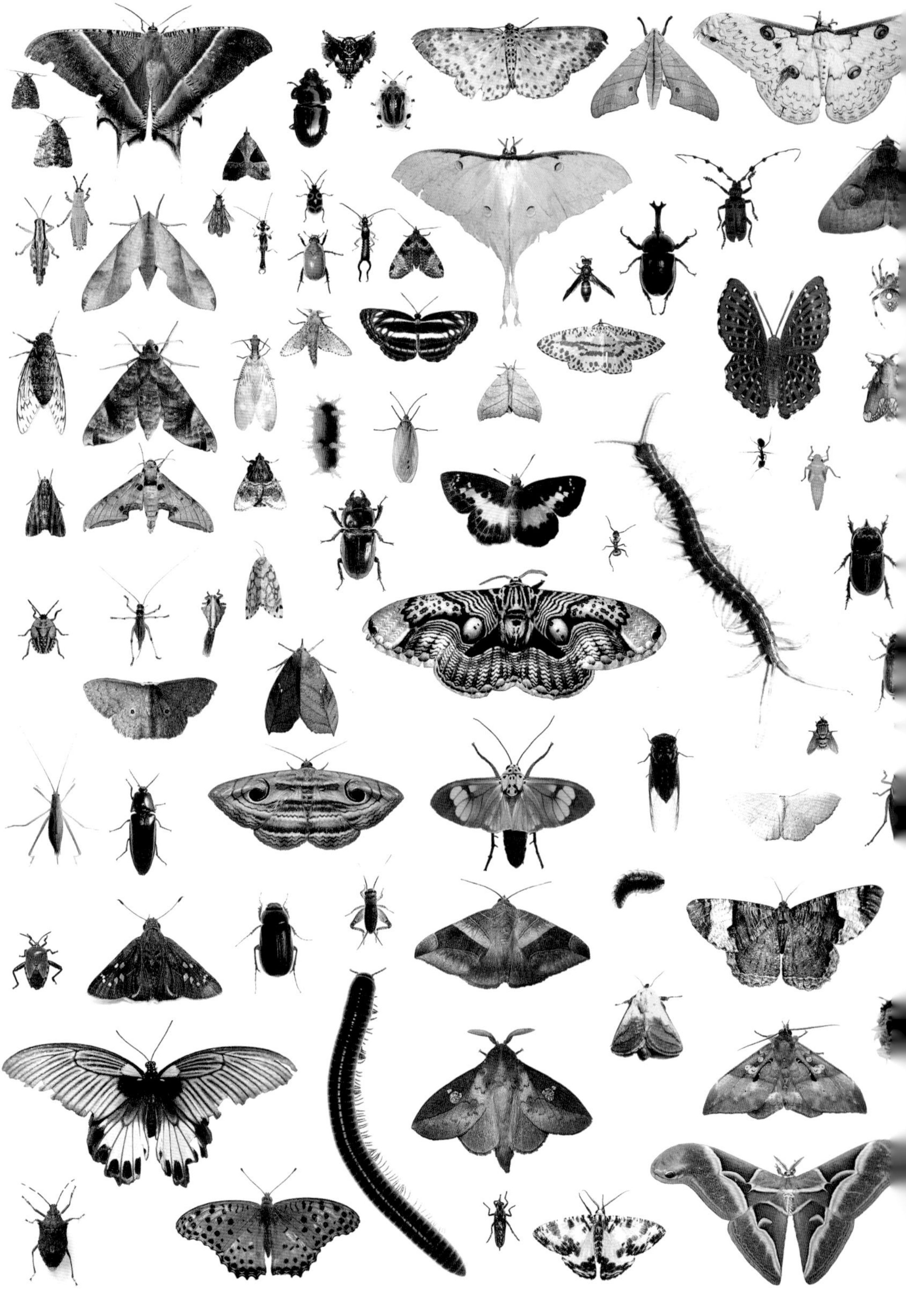

◆ **巨蟹蛛** 它因体形较大、外观似蟹且横行而得名。头顶的八只眼睛特别明显

◆ **裸灶螽** 洞穴螽斯所处环境黑暗、潮湿、恒温且食物短缺，长期演化，形成代谢慢、产卵量少、孵化率高、食性较杂等适应性特征。其食物包括植物、真菌、尸体，甚至蝙蝠粪便等，一点都不挑食

◆ 夜幕降临，在天坑附近的一条沟溪上，蝙蝠在觅食

◆ 脆蛇蜥

◆ 丽棘蜥

◆ **斑腿泛树蛙**

◆ **地下河溪蟹** 这种地下河溪蟹经科考确定为新种——中华溪蟹

◆ 灰林鸮

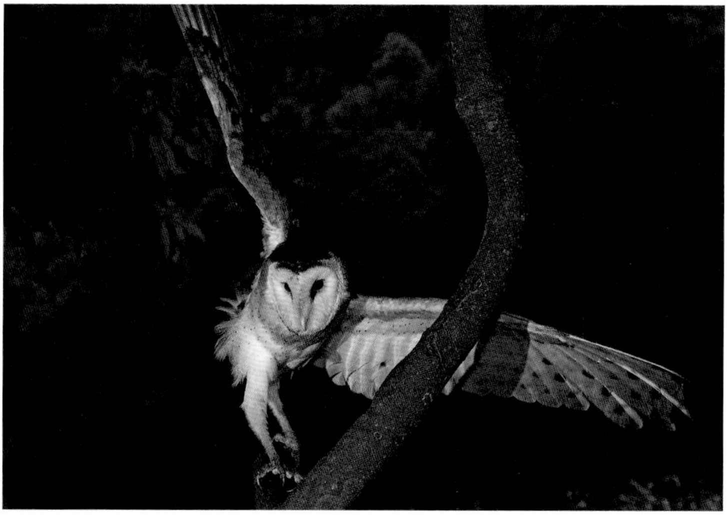

◆ 草鸮（猴面鹰）

◆ **环颈雉** 环颈雉是最常见的野鸡。与孔雀一样，雉类中花枝招展的个体，其实是雄性。严格说来，“孔雀公主”是一个美丽的误称

◆ **红白鼯鼠** 红白鼯鼠多在夜间活动，也有“飞虎”“飞猫”的别称。由于在树之间跳跃捕食而进化出了翼，但只能在空中滑翔

◆ 福建竹叶青蛇

◆ 福建竹叶青蛇

1

2

3

4

- 1. 王氏樗蚕蛾
- 2. 白边魔目夜蛾
- 3. 锯线荣夜蛾
- 4. 青球箩纹蛾

1

2

3

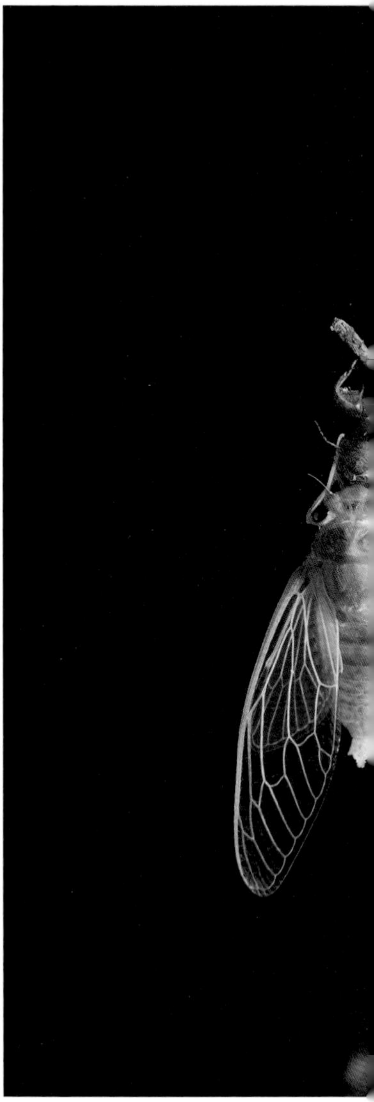
4

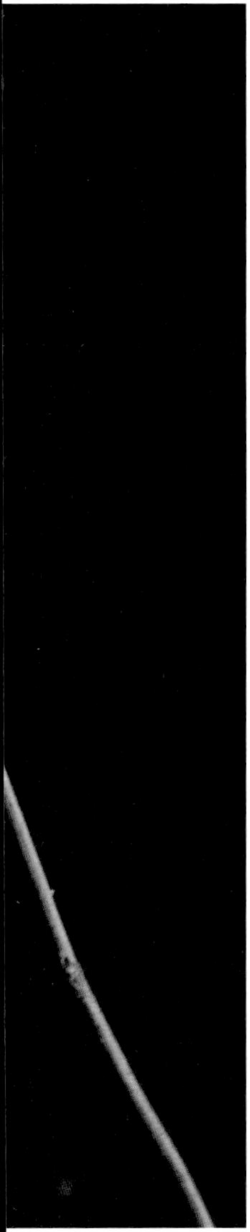

5

◆ 1. 贝绒刺蛾幼虫

◆ 2. 侧跗叶蜂幼虫

◆ 3. 草蝉

◆ 4. 似织螽

◆ 5. **蜡蝉若虫** 蜡蝉若虫尾部长有蜡丝，用于伪装保护。这个萌萌的小家伙弹跳力特别强，能够迅速逃生

◆ **龙竹节虫** 龙竹节虫是自然界的伪装高手，有的像树枝，有的像叶片，简直浑然天成，要“众里寻他千百度”。竹节虫的许多种类能断肢再生

◆**云芝** 云芝是最具药用价值的真菌之一。云芝无柄，侧生于较干枯的倒木之上。菌盖革质，半圆形或贝壳形，常覆瓦状叠生、左右相连

◆这株小灵芝可能只有一两岁，呈黄红色，光泽不明显。但其黑色菌柄侧生，远长于菌盖直径，有漆样光泽，可以基本判定它属于灵芝这类珍贵的大型真菌。灵芝需要相对较高的生长温度和较好的通气性。它的出现表明，天坑底部森林有着稳定的、健康的生态系统

◆这株孤傲的鬼伞从湿润的苔藓植物中冒出来，一定经历了极其苛刻的生存考验。不久之后，这株鬼伞菌盖下方的菌褶里将出现成千上万的孢子（繁殖体），可能将四周都变成它们的地盘

◆**鬼伞** 菌盖上方已经开始消融、开裂的成熟鬼伞

◆银耳科的大型真菌被誉为“菌中之冠”。银耳的子实体纯白色或乳白色，柔软洁白，半透明，富有弹性

◆这两株一高一矮的鬼伞兄弟，从腐败落叶中冒出来，浑身却光亮洁净，颇有“出淤泥而不染”的姿态。它们依靠白色的菌丝紧紧联系在一起，分享着由枯枝败叶分解而来的营养物质

◆牛肝菌菌盖与菌柄肉质肥厚，极似牛肝，是名贵稀有的野生食用菌

◆一株孤独的伞菌在阳光照射下，菌盖半透明，放射状的菌褶若隐若现

◆这种伞菌与我们喜爱的食用菌平菇、香菇近缘

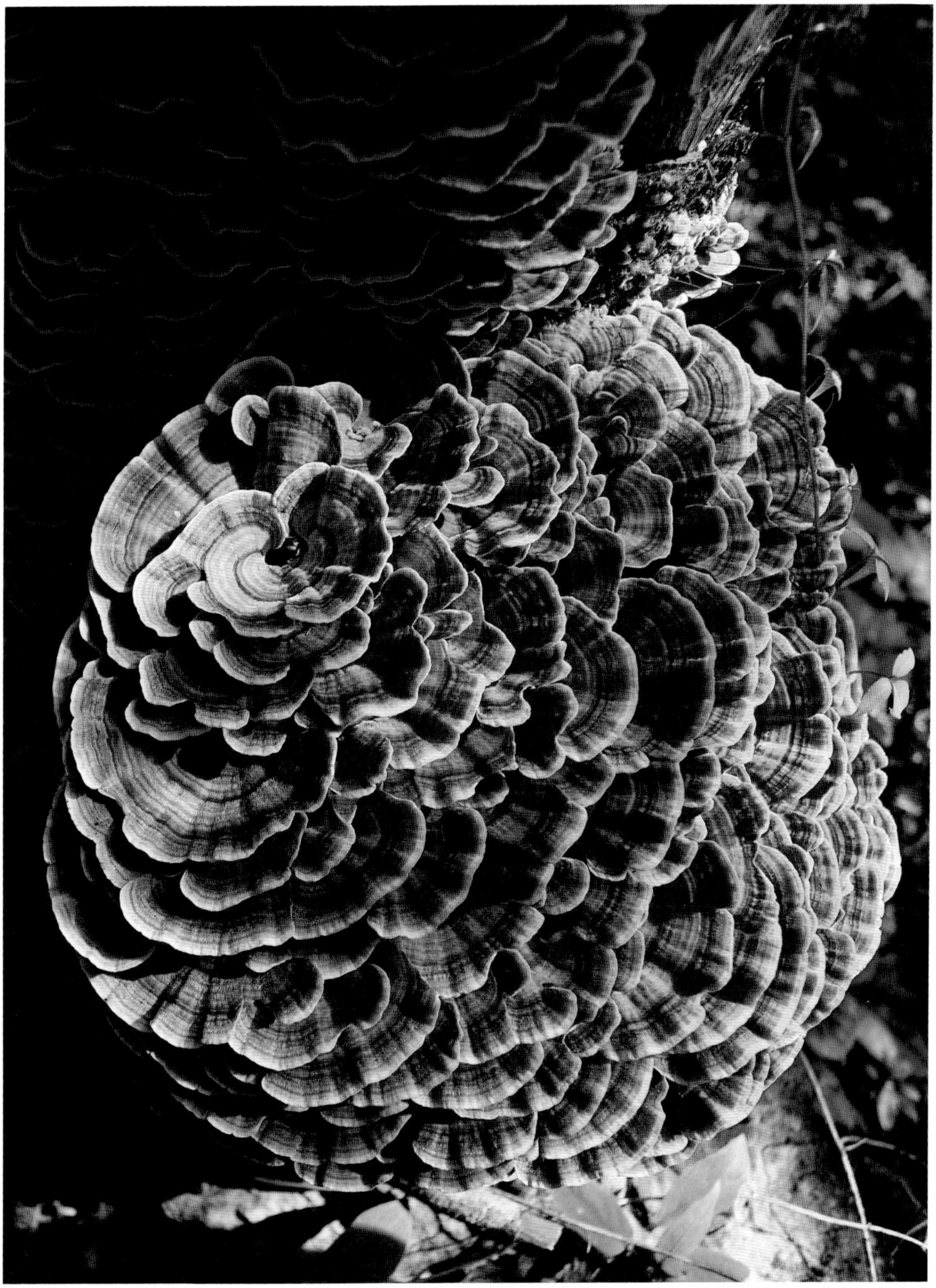

◆ **如祥云绕梁的云芝** 这一片云芝长势极好，几乎占据了整个树干表面。云芝的菌盖干硬革质，上表面有云纹状的同心环纹，因此又得名“彩云革盖菌”。云芝对水分需求较低，可长于直立树干 1 米以上的位置，似云朵萦绕在树干之上

◆ **生活史后期的云芝** 这片云芝已经失去了它壮年时候的云彩般的环纹，全体呈黑褐色。

◆ 这丛鬼伞沐浴在清晨的雾霭之中，吸收着天地之精华，生长快速。它们的菌盖表面沟壑明显，菌柄色深且明显木质化，可能已经完成了它们的生命终极目的——繁殖

◆ 这根枯枝上的大型真菌有大有小，体现了生命的顽强

◆ **足茎毛兰** 足茎毛兰最显著的特征是，两枚一大一小的叶片附生于假鳞茎顶端。足茎毛兰花淡雅脱俗，具有极高的观赏价值

◆ **兔耳兰** 兔耳兰自然分布广、适应性较强，花雅致、脱俗，引种潜力较大

◆ 绿花杓兰

◆ **贵州地宝兰** 贵州地宝兰是一种极度濒危的兰科植物，仅分布在广西与贵州交界处的狭小区域。它首次被发现并命名是在 1921 年，德国植物分类学家 Schlechter 在贵州罗甸采集到唯一一份标本。此后，人们就没有在野外发现过这物种，以至于我国植物学分类家在编写中国植物志时，只能参考德国植物分类学家的描述来记录。直到 2004 年人们才在广西乐业天坑群、雅长保护区等地再次发现零星野生贵州地宝兰植株。贵州地宝兰是国产兰科植物中唯一开玫瑰红色花的大花物种，具有极高的园艺引种价值和科研价值。由于地处偏远、以往调查不足，广西乐业天坑群地区很可能还有大量未被发现的新物种，它必将成为未来我国石灰岩植物与热带植物研究的天堂

◆ **栗鳞贝母兰** 栗鳞贝母兰根状茎粗、坚硬，密被紫褐色的革质鞘。这种植物花瓣呈狭长披针形，唇瓣近卵形，萼片宽卵形。整朵花白色至浅黄色，典雅精致。已有引种

◆ **带叶兜兰** 广西乐业天坑群的雅长兰科植物国家级自然保护区是带叶兜兰在国内分布最集中的区域，在多地形成了单优群体，种群更新良好，盛花季节蔚为壮观

◆ **等萼卷瓣兰** 等萼卷瓣兰花紧密聚拢在花序轴顶端，花瓣与萼片密布深紫色斑点。以往的记载中，等萼卷瓣兰在国内只分布在云南西双版纳。这次在广西乐业天坑群发现等萼卷瓣兰意义十分重大，表明乐业天坑群地区具有较为浓厚的热带植物区系特征，有着更多的未知热带植物等待人们去发现

◆ **西藏虎头兰** 西藏虎头兰最为典型的特征是花的合蕊柱直立、后仰，花瓣有深色条纹和斑点，似虎纹；又因整朵花有“猛虎跃跃欲试、虎头后仰怒吼”之势，故名“虎头兰”

◆ 梳帽卷瓣兰

◆ 琴唇万代兰

◆ 硬叶兜兰

◆ 小叶兜兰

◆ **飘带兜兰** 飘带兜兰花大、艳丽，特别是其下垂的长带形花瓣强烈螺旋扭转，近基部处边缘波状，十分惹目，具有极高的引种价值。与萼卷瓣兰类似，广西乐业天坑群地区是除云南西双版纳之外飘带兜兰新发现的分布地，而且乐业天坑群地区分布有多个个体数超过300的自然大种群，是飘带兜兰在国内最大的分布点，具有极高的保育价值

◆ **流苏贝母兰** 流苏贝母兰最吸引人的部位就是位于花下方的唇瓣，拟态为雌性蜂的外形、颜色与茸毛，吸引雄性蜂前来假交配，以实现传粉

◆ **华西蝴蝶兰** 华西蝴蝶兰是非常典型的附生植物，多靠发达的簇生气生根附生于树干或林下阴湿石上。华西蝴蝶兰花期较长，从 4 月到 7 月都能看到它的花影，是乐业天坑群地区较常见的野生兰花

◆ 多种石斛属植物（钩状石斛、重唇石斛）附生于树干之上，形成“空中花园”的壮丽景观

1

2

3

4

◆ 1. 钩状石斛

◆ 2. 黑毛石斛

◆ 3. 钩状石斛

◆ 4. **黄石斛（铁皮石斛）** 黄石斛是知名度极高的药用兰花，人工栽培非常广泛，但野生种群已日渐衰减。广西乐业天坑群的黄石斛数量较大，是不可多得的野生药用植物资源

◆ 1. **短棒石斛**

◆ 2. **广西石斛（滇桂石斛）** 广西石斛仅分布在滇、黔、桂交界区的狭小区域，乐业天坑群地区是其最重要的分布点之一。广西石斛的显著特征是，花的唇瓣有一大块密被茸毛的紫红色斑块，合蕊柱基部有茄紫色斑块

◆ 3. **流苏石斛** 流苏石斛的名字来自唇瓣边缘的流苏。它的唇瓣比萼片和花瓣的颜色深，近圆形，长 15—20 毫米，基部两侧具紫红色条纹。整个花序一般具有 10 朵中部黑色、花瓣亮黄色的花。流苏石斛附生于树干之上，摇曳多姿，为广西乐业天坑群森林增添了不少生机

3

Part 6　P219-242

六　天坑坑畔人家

在『世界天坑之都』乐业生活着17万壮、汉、苗、瑶、侗等各族人民，他们都可称作『天坑人家』。他们世代与天坑为邻，与大自然亲密无间，以自己的节奏劳作和生活，诠释着天坑生态文明的内涵，为紧张忙碌的现代人提供着另一种独特的生活范本。

无论过去还是现在，乐业的位置离中心城市都显得有些偏远。正因为这个距离，『天坑人家』的生活在山外人看来总像雾里看花。殊不知『天坑人家』乐山乐水，缘坑乐坑，随遇而安。面对山外人探寻的目光，他们会用低调的笑靥回答关于幸福生活的询问，然后大方真诚地邀请外人到家里做客。他们解下火塘上方的农家腊肉，抓来在田野上自由奔跑的柴鸡，赶回河里游弋的绿头鸭，捕回河鱼，摘来几把自种的蔬菜，摸出农家鸡蛋，筛出大碗自酿米酒（酒里经常泡着从密林里采回的益生草药）或野生蜂蜜，连最简单的米饭都是香味扑鼻，基本特征就是色亮味香量足，惊艳了城里人的味蕾。如今，『天坑人家』的财富不在山外人的概念里，他们山上一群牛、一群羊、一群鸡、一片林、一山果，水中一群鸭，村里一幢楼，让骄傲的城里人大跌眼镜。最后城里人意犹未尽、依依不舍地离开。

◆ 板洪村的峰丛与梯田相依相邻

放眼乐业，今日中国经济发展的红利也随处可见，相当多的“天坑人家”不再砍柴割草，用上了液化气和电。山上无数代人走过的羊肠小道，因为无人行走已经被草木封蔽，土壤稀少的石灰岩山头植被逐年浓密，这里的一草一木、一砖一瓦、一石一道共同

见证了改革开放和天坑群旅游开发的历程。人们只有走近“天坑人家”，才会深刻感受到他们的生活幸福指数在提升，才会对他们的生活产生一种认同感。优良的环境使人健康长寿，乐业由此成为全国为数不多的“世界长寿之乡”之一。

◆ 洼地里的大曹天坑。离坑口不远处就有炊烟袅袅的人家

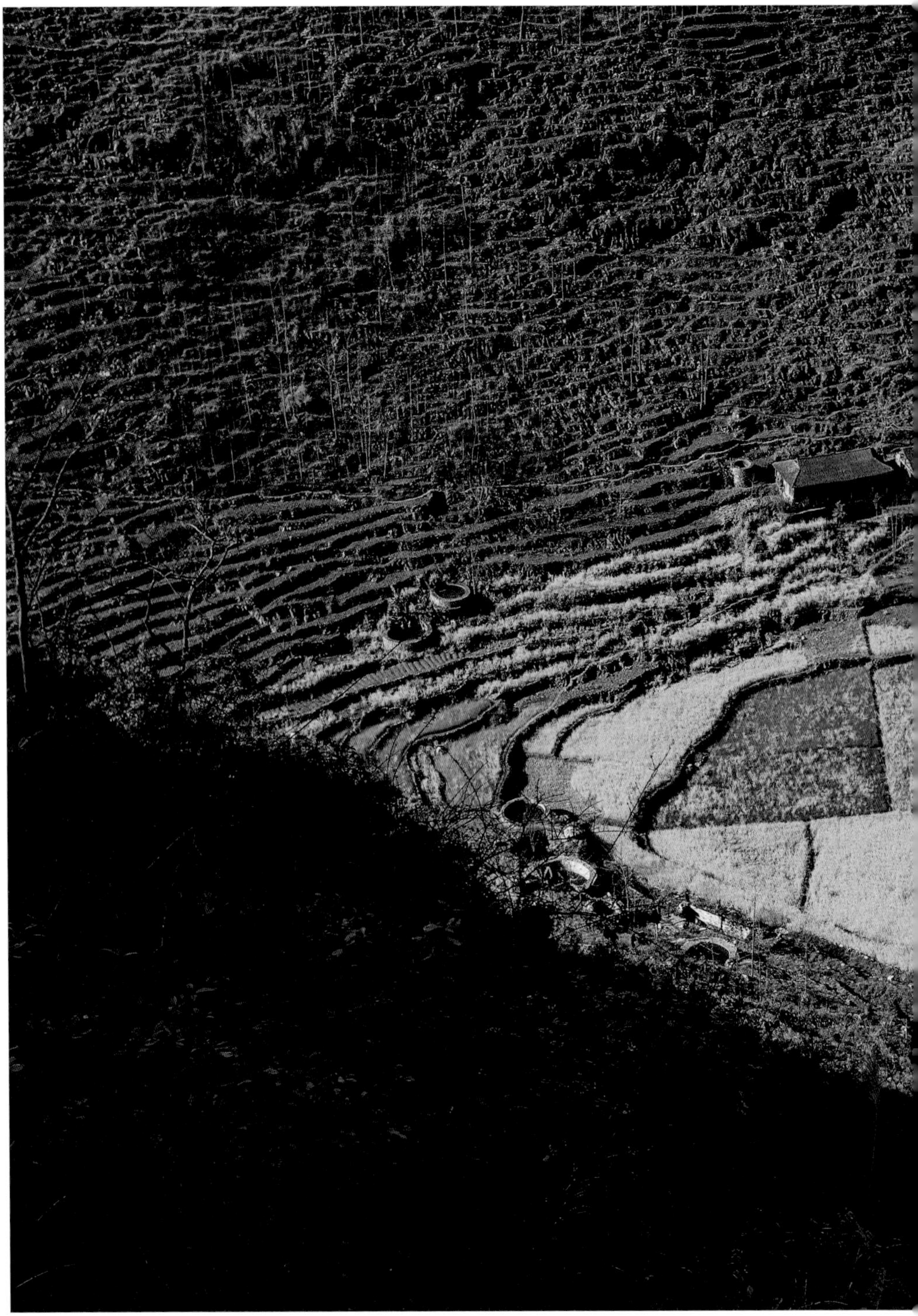

◆ 俯瞰老洞喀斯特洼地里的田园

◆ 雪后的野猪坨村。这里保留着成片的传统民居

仙人桥 在乐业这个『世界天坑之都』，美景奇观常常与地表山体塌陷相关。仙人桥的山体曾经是一座完整的石山，迎面拦住布柳河，布柳河水在山脚遇阻后转道弯流去。从现场山体坍塌的遗迹看，布柳河长期撞击『切割』着山体，不断制造山体坍塌，河水再继续渗透『切割』山体底部和地表以下部位，经历不间断的淘空与塌陷，最终整座山体发生大体量坍塌，只保留了山顶部，变成一道弯弯的天桥。坍塌的石块就地形成石坝，再次拦住布柳河水。河水不甘心前功尽弃，继续向前冲刷切割，结果石坝再次被河水淘出新河道，山体边也被冲刷出一道湾，如今我们看到河水穿山而过。塌陷在这里凝聚了柔美与坚硬互相冲突的独特魅力，大石围天坑群和仙人桥都与地表塌陷相关，都是在漫长的时空中经历了反复的、连续的水流切割和山体塌陷后形成的。经过测绘得出的仙人桥数据是：桥高165米，孔高67米，桥宽19米，拱孔跨度达144米，为全球跨度最大的天生桥。

洞穴人家

梅树条的家建在一个敞口岩洞里。房子在这样的环境里，风雨无侵。一家人辛勤劳作，五谷丰登、六畜兴旺，日子过得和和美美。更特别的是，这个山洞内层是由方解石晶脉构成，在任何一处的一块方解石都是亮晶晶的天然艺术品。进来看到的人都感到很稀奇。地里的粮食收获了，他们先用马驮进洞来，再搬进屋去。梅树条说，他们家在洞里住习惯了，寒风吹不透，太阳照得进，舒适又温暖，所以不愿意搬出去，即使翻建新房子，也会建在原地。

◆ 生于斯，劳于斯，乐于斯的洞穴人家

◆ 山村的劳作，生活的丰盈

◆ 劳者亦有闲时乐

◆ 乐山乐水乐业人

◆ 傍晚，距离大石围天坑只有 8 千米的浪筛村炊烟升起

◆ 山城乐业之夜